博碩文化

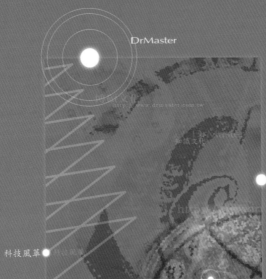

DrMaster

知識文化

科技風華

http://www.drmaster.com.tw

深度學習資訊新領

U0086644

DrMaster

深度學習資訊新領域

 http://www.drmaster.com.tw

05

創意
大冒險 系列

博碩文化

最佳、最有趣的 S4A 入門魔法書
透過的 **11** 個大冒險讓你輕鬆進入 Scratch+S4A 的奇幻世界

S4A
Scratch For Arduino

輕鬆學

玩拼圖寫程式，輕鬆進入Arduino的創意世界
Adventure in Scratch

黃千華、慧手科技 徐瑞茂、林文暉 著

作　　者：黃千華、徐瑞茂、林文暉
責任編輯：賴怡君

董 事 長：蔡金崑
總 經 理：古成泉
總 編 輯：陳錦輝

出　　版：博碩文化股份有限公司
地　　址：221 新北市汐止區新台五路一段 112 號 10 樓 A 棟
　　　　　電話 (02) 2696-2869　傳真 (02) 2696-2867

發　　行：博碩文化股份有限公司
郵撥帳號：17484299　戶名：博碩文化股份有限公司
博碩網站：http://www.drmaster.com.tw
讀者服務信箱：DrService@drmaster.com.tw
讀者服務專線：(02) 2696-2869 分機 216、238
（周一至周五 09:30 ～ 12:00；13:30 ～ 17:00）

版　　次：2018 年 4 月初版

建議零售價：新台幣 450 元
I S B N：978-986-434-297-6
律師顧問：鳴權法律事務所 陳曉鳴律師

本書如有破損或裝訂錯誤，請寄回本公司更換

國家圖書館出版品預行編目資料

S4A (Scratch For Arduino) 輕鬆學：玩拼圖寫
程式，輕鬆進入 Arduino 的創意世界 / 黃千
華，徐瑞茂，林文暉著 . -- 初版 . -- 新北市：
博碩文化，2018.04
　面；　公分

ISBN 978-986-434-297-6(平裝)

1.電腦動畫設計 2.微電腦 3.電腦程式語言

312.8　　　　　　　　　　　107005850

Printed in Taiwan

歡迎團體訂購，另有優惠，請洽服務專線
博 碩 粉 絲 團 (02) 2696-2869 分機 216、238

序

　　從中學到大學就讀資訊管理系就一直接觸程式設計，了解到生活上有很多好用產品其實都包含程式設計應用，此時深深的感受到程式魔法能力的偉大，尤其當發現新型程式創意作品時更令人驚嘆程式的神奇。

　　大學時期一直擔任教育部資訊志工團隊偏鄉學童資訊教育服務的工作，這時正當全世界面對人工智慧時代的來臨，為了強化運算思維能力，全球興起學童程式設計萌芽教育，偏鄉學校也高瞻遠矚順應大趨勢推動程式設計「4P 教育」，以啟動學童的創意思維。因緣際會下接觸了 Scratch 程式設計軟體和 S4A Sensor Board 互動感測擴充版，Scratch 讓我發現到原來學程式也可以這麼地簡單，利用圖像化程式拖曳方式組裝程式積木即可完成，並不需要自己撰寫許多程式碼還要擔心指令錯誤問題，且在網路上也有來自世界的分享作品可以相互觀摩學習。基於落實融合 STEM 和創客學習開發理念，在資訊教育服務時以 Scratch 與 S4A Sensor Board 為基礎在慧手科技公司徐經理的協助下進行教材創意開發，這些教材可以引導學生運用 Scratch 和 S4A Sensor Board 製作出各式各樣互動式的動畫和遊戲，對於初次接觸的學生來說可以在學習過程中體驗到玩中學的樂趣，潛移默化運算思維的素養，增加運用程式設計解決問題的能力，進而激發創意程式應用開發的興趣。

　　鑒於這幾年來學生學習成效顯著特將教材編輯成冊，本書之主要特色如下：

　　七個感測元件各兩個主題遊戲案例，兩個主題遊戲結合了 2-3 種感測元件的應用，在某些段落會有思考時間供學生創意思考。在此特別感謝博碩出版社、松林國小張志全校長、慧手科技公司徐瑞茂經理和林文暉教授的協助和校正，使得本書得以更加完善。最後，盼望各位給予批評與指教，如果您在使用本書時，有任何問題，歡迎 Email 到 S105000141@g.ksu.edu.tw，我將竭誠為您服務。

黃千華

序

　　自身投入自造者 (Maker) 相關產業 - 慧手科技公司已有近三年的時間，在某次參展時有幸能認識熱心辦學的松林國小張志全校長。張校長不畏學校身為偏鄉小校的劣境，為了讓學生能持續地與世界接軌，積極尋求各項領域的外部援助。而同樣熱心助學的崑山科大林文暉教授、黃千華小姐及其團隊，便是在這個機緣下投入協助松林程式教育的行列之中。

　　承蒙林教授的青睞及作者黃小姐的協助，將個人之前設計的幾個 Scratch 加上 Arduino 的範例加上作者自己這幾年來的教學經驗編寫成書。美國 MIT(麻省理工學院) 開發的圖控式軟體 Scratch 其實在很多學校的程式教育課程中已行之有年，使用宇宙機器人團隊的 Arduino 中介軟體 Transformer 讓學過 Scratch 的學生可以無痛升級繼續使用熟悉的介面；而本身已具備數種不同感測元件的慧手科技 Arduino UNO 擴充板 - S4A Sensor Board v.2，更可讓學生及老師省去入門 Arduino 時在麵包板上接線的痛苦及麻煩。本書經由不同的練習搭配圖文並茂的詳細解說，讓學生可以輕鬆使用 Scratch + Transformer 由淺入深地認識並駕馭各式不同的 Arduino 感測元件。透過本書課程的教學及學習，相信可在將資訊教育列入的 108 年課綱上路之後，助上老師及學生一臂之力。

慧手科技公司經理

徐瑞茂

推薦序

　　數位浪潮來臨，引領偏鄉的孩子從親近科技、學習科技，進而能創新活用所知所學，一直是推動科技教育旅途上的起心動念。

　　面對快速變動的時代，唯一不變的，就是「變」。近年來，許多先進國家意識到「兒童程式教育」是國家競爭力的關鍵，紛紛投入心力積極推動。然而，在台灣教育的現場，許多父母師長因為不了解「兒童程式教育」對未來孩子和國家社會生活、工作、產業的影響，而輕忽了其重要性。所幸，目前已有許多熱心的教育工作者看見未來，也開始著手大力推動兒童程式教育。崑山科技大學林文暉教授、黃千華老師、慧手科技有限公司徐瑞茂經理就是最佳的典範。

　　多年前，有幸因緣際會認識這群優質的團隊，他們本著一份關懷台灣這片土地、愛護偏鄉孩子的初終，長期擔任松林國小的資訊志工，義務指導兒童程式設計課程、機器人競賽活動，為弭平城鄉落差、數位斷層盡心盡力，熱心付出令人感動。團隊出版《S4A (Scratch For Arduino) 輕鬆學：玩拼圖寫程式，輕鬆進入 Arduino 的創意世界》一書，對於學習兒童程式設計、常見感測元件組裝與運用的創意發想，提供鉅細靡遺的步驟說明與參考案例，是一本非常實用的兒童程式設計好書，值得每一位老師和家長參考。這是文暉教授、千華老師、瑞茂經理聯手送給偏鄉孩子和台灣未來最好的禮物。

台南市松林國小校長
張志全

目錄

Adventure

1

認識 Scratch

1.1 簡介

Scratch 是 MIT 麻省理工媒體實驗室終身幼稚園組於 2006 年所開發的一套免費電腦程式開發平台,期望通過學習 Scratch,強化用戶邏輯運算思維和協同工作,運用創意製作出互動式遊戲和動畫。

Scratch 開發平台可安裝在 Mac OS X、Windows、Linux 的平台上;自 2.0 之後,換用 Actionscript 編制,Scratch 執行於瀏覽器。Scratch 源碼開放給非商業性質用途使用。

Scratch 適用於 8 歲以上用戶。即便用戶從未學過程式編程,通過拖曳預先設定好的程式積木,組裝出指令,設定或控制角色及背景的行動和變化,從而完成程式設計。

1.2 下載與安裝

本書是使用 Scratch 2.0 離線編譯器，這個編譯器可以在 Mac、Windows 和某些版本的 Linux（32 位元）上安裝使用。

1. 打開瀏覽器

2. 網址列輸入 https://scratch.mit.edu/download

一、下載 Scratch、Adobe AIR 安裝檔

Scratch 需要安裝 Adobe AIR 才能執行。

1. 網頁往下拉

2. Scratch 下方，點選「Download」（根據你的作業系統下載安裝檔）

3. Adobe AIR 下方，點選「Download」（根據你的作業系統下載安裝檔）

4. 點選「立即下載」

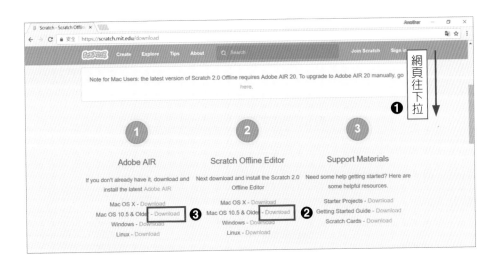

二、執行 Scratch 安裝檔

Adobe AIR 安裝檔不需執行，當執行 Scratch 時系統會自動詢問是否要安裝 Adobe AIR。

1. 打開「下載」資料夾（一般預設檔案下載放置位置）
2. 點選「Scratch-XX.exe」（XX 代表版本）
3. 點選「繼續」
4. 點選「是」

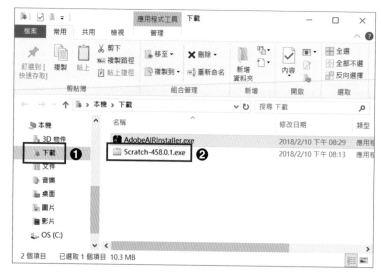

1.3 操作介面

安裝完成後會自行啟動或點選桌面 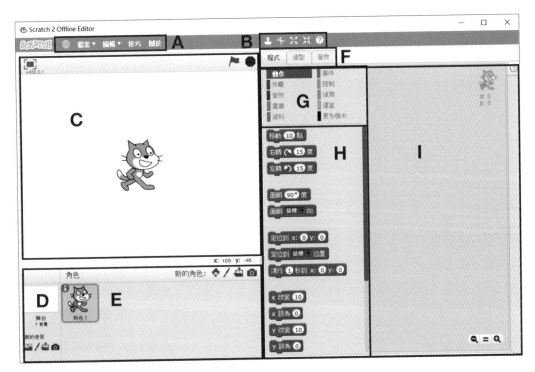，啟動 Scratch 應用程式。

a. 功能表   b. 工具列   c. 執行區   d. 舞台區   e. 角色區

f. 標籤   g. 程式類別   h. 程式積木   i. 程式區

1.4 介面說明

一、功能表

(一) 地球圖示

- 轉換語言：點選「⊕」→點選「△」，即可挑選語系

- 調整程式積木大小：按住「Shift」+ 點選「⊕」→點選「set font size」，即可調整大小

(二) 檔案

- 新建專案：創建新檔案
- 開啟：開啟舊檔
- 儲存：儲存檔案
- 另存：另存檔案
- 錄製成影片
- 分享到官網
- 檢查新版本
- 結束：關閉 Scratch

(三) 編輯

- 復原刪除
- 小舞台版面：檢視模式一共分為三種，小舞台模式、一般模式和全螢幕
  - 小舞台模式點選「編輯→小舞台版面」

■ 一般模式點選「編輯→小舞台版面（關閉小舞台版面）」

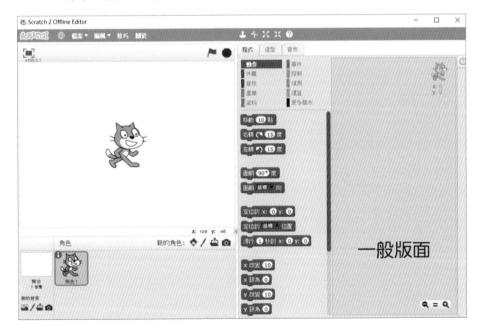

■ 全螢幕點選「  」

全螢幕

二、工具列

- ：複製
- ：刪除
- ：放大
- ：縮小
- ：輔助說明

三、執行區

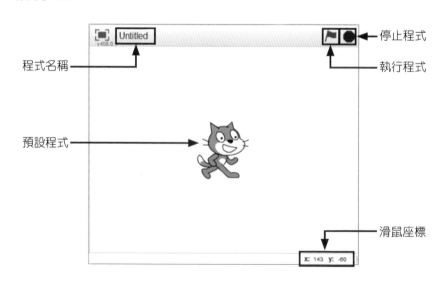

程式名稱

預設程式

停止程式

執行程式

滑鼠座標

四、舞台區（又稱背景）

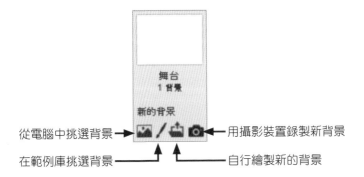

從電腦中挑選背景 ←
在範例庫挑選背景 ←
→ 用攝影裝置錄製新背景
→ 自行繪製新的背景

五、角色區

(一) 新增角色

在範例庫挑選角色 ←
自行繪製新的角色 ←
從電腦中挑選角色 ←
用攝影裝置錄製新角色 ←

(二) 角色屬性

點選 ❶

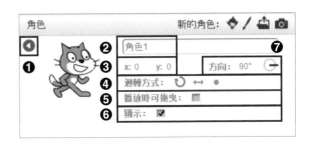

1. 屬性版面按鈕
2. 角色名稱（可自行設定）
3. 角色座標位置
4. 角色旋轉方向，分為 360 度、
   左右和不能旋轉
5. 執行時角色不能被拖曳
6. 角色在執行區顯示或隱藏
7. 角色朝的方向（可用滑鼠調整，點擊右方黑色線即可

六、標籤

(一) 程式標籤

在程式標籤下會看到程式類別、程式積木和程式區。

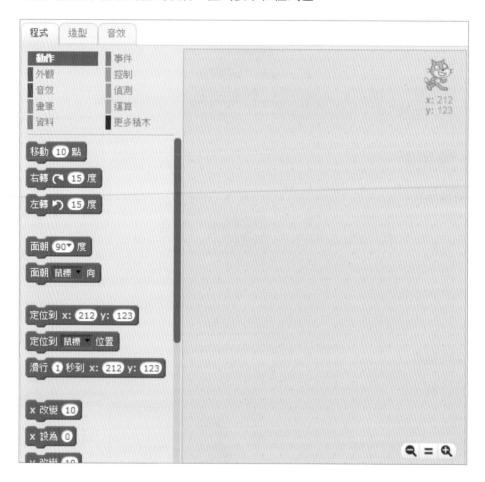

（二）造型（背景）標籤

當點選「舞台」，標籤會變成「背景」；點選「角色」，則會變成「造型」，程式區則會變成「繪圖區」。

造型 / 背景名稱　　復原　重做　　　　　裁剪　設定造型中心點

直向翻轉
橫向翻轉

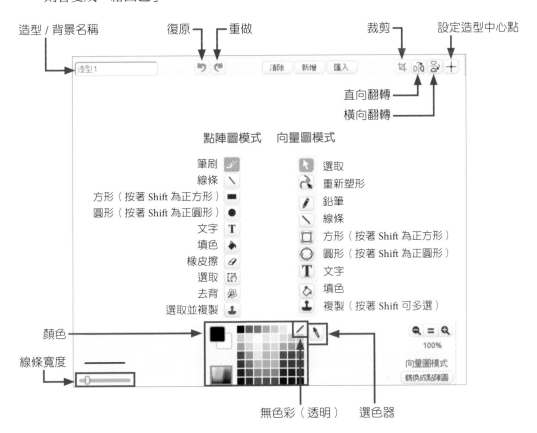

點陣圖模式　　向量圖模式

筆刷
線條
方形（按著 Shift 為正方形）
圓形（按著 Shift 為正圓形）
文字
填色
橡皮擦
選取
去背
選取並複製

選取
重新塑形
鉛筆
線條
方形（按著 Shift 為正方形）
圓形（按著 Shift 為正圓形）
文字
填色
複製（按著 Shift 可多選）

顏色

線條寬度

100%

向量圖模式
轉換成點陣圖

無色彩（透明）　選色器

（三）音效標籤

程式　造型　音效

新的音效：　meow　　　　　　　　　　　　　　音效名稱

在範例庫挑選音效

用麥克風錄製新音效

從電腦中挑選音效

meow
00:00.84

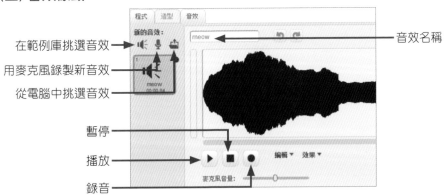

暫停

播放

錄音

編輯▼　效果▼

麥克風音量：

七、程式類別 / 積木

- 動作：設定角色的移動、方向、旋轉和位置。

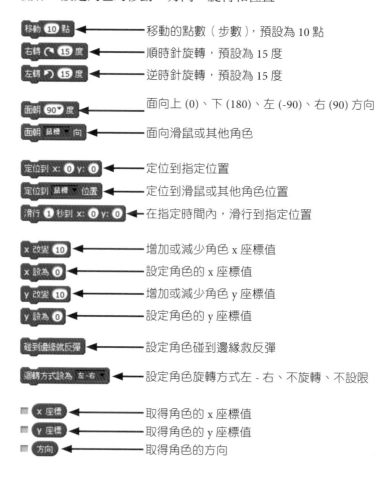

移動 **10** 點　───→ 移動的點數（步數），預設為 10 點

右轉 ↻ **15** 度　───→ 順時針旋轉，預設為 15 度

左轉 ↺ **15** 度　───→ 逆時針旋轉，預設為 15 度

面朝 **90▾** 度　───→ 面向上 (0)、下 (180)、左 (-90)、右 (90) 方向

面朝 **鼠標▾** 向　───→ 面向滑鼠或其他角色

定位到 x: **0** y: **0**　───→ 定位到指定位置

定位到 **鼠標▾** 位置　───→ 定位到滑鼠或其他角色位置

滑行 **1** 秒到 x: **0** y: **0**　───→ 在指定時間內，滑行到指定位置

x 改變 **10**　───→ 增加或減少角色 x 座標值

x 設為 **0**　───→ 設定角色的 x 座標值

y 改變 **10**　───→ 增加或減少角色 y 座標值

y 設為 **0**　───→ 設定角色的 y 座標值

碰到邊緣就反彈　───→ 設定角色碰到邊緣就反彈

迴轉方式設為 **左-右▾**　───→ 設定角色旋轉方式左 - 右、不旋轉、不設限

☐ x 座標　───→ 取得角色的 x 座標值

☐ y 座標　───→ 取得角色的 y 座標值

☐ 方向　───→ 取得角色的方向

- 外觀：顯示文字訊息、顯示和隱藏角色、設定角色造型、大小和特效。

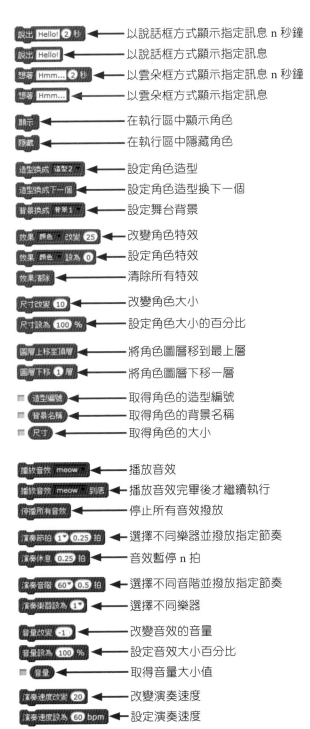

說出 Hello! 2 秒 ← 以說話框方式顯示指定訊息 n 秒鐘

說出 Hello! ← 以說話框方式顯示指定訊息

想著 Hmm... 2 秒 ← 以雲朵框方式顯示指定訊息 n 秒鐘

想著 Hmm... ← 以雲朵框方式顯示指定訊息

顯示 ← 在執行區中顯示角色

隱藏 ← 在執行區中隱藏角色

造型換成 造型2 ← 設定角色造型

造型換成下一個 ← 設定角色造型換下一個

背景換成 背景1 ← 設定舞台背景

效果 顏色 改變 25 ← 改變角色特效

效果 顏色 設為 0 ← 設定角色特效

效果清除 ← 清除所有特效

尺寸改變 10 ← 改變角色大小

尺寸設為 100 % ← 設定角色大小的百分比

圖層上移至頂層 ← 將角色圖層移到最上層

圖層下移 1 層 ← 將角色圖層下移一層

造型編號 ← 取得角色的造型編號

背景名稱 ← 取得角色的背景名稱

尺寸 ← 取得角色的大小

- 音效：播放角色音效、設定樂器演奏、節奏速度和音量大小。

播放音效 meow ← 播放音效

播放音效 meow 到底 ← 播放音效完畢後才繼續執行

停播所有音效 ← 停止所有音效撥放

演奏節拍 1 0.25 拍 ← 選擇不同樂器並撥放指定節奏

演奏休息 0.25 拍 ← 音效暫停 n 拍

演奏音階 60 0.5 拍 ← 選擇不同音階並撥放指定節奏

演奏樂器設為 1 ← 選擇不同樂器

音量改變 -1 ← 改變音效的音量

音量設為 100 % ← 設定音效大小百分比

音量 ← 取得音量大小值

演奏速度改變 20 ← 改變演奏速度

演奏速度設為 60 bpm ← 設定演奏速度

演奏速度 ← 取得演奏速度值

- 畫筆：複製角色、
  設定畫筆顏色、
  亮度和寬度等。

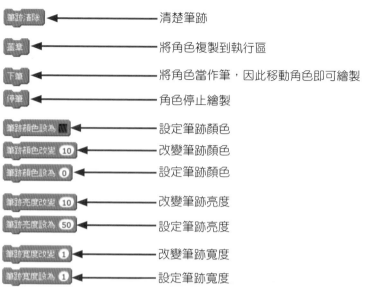

筆跡清除	清楚筆跡
蓋章	將角色複製到執行區
下筆	將角色當作筆，因此移動角色即可繪製
停筆	角色停止繪製
筆跡顏色設為 ■	設定筆跡顏色
筆跡顏色改變 10	改變筆跡顏色
筆跡顏色設為 0	設定筆跡顏色
筆跡亮度改變 10	改變筆跡亮度
筆跡亮度設為 50	設定筆跡亮度
筆跡寬度改變 1	改變筆跡寬度
筆跡寬度設為 1	設定筆跡寬度

- 資料：可建立變
  數或清單來儲存
  執行時所需的資
  訊。

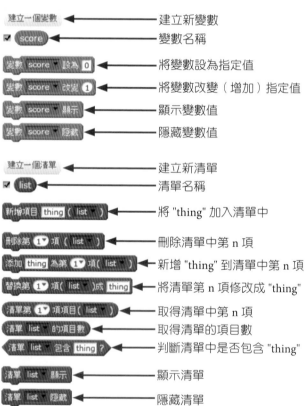

建立一個變數	建立新變數
☑ score	變數名稱
變數 score 設為 0	將變數設為指定值
變數 score 改變 1	將變數改變（增加）指定值
變數 score 顯示	顯示變數值
變數 score 隱藏	隱藏變數值
建立一個清單	建立新清單
☑ list	清單名稱
新增項目 thing (list)	將 "thing" 加入清單中
刪除第 1 項 (list)	刪除清單中第 n 項
添加 thing 為第 1 項 (list)	新增 "thing" 到清單中第 n 項
替換第 1 項 (list) 成 thing	將清單第 n 項修改成 "thing"
清單第 1 項項目 (list)	取得清單中第 n 項
清單 list 的項目數	取得清單的項目數
清單 list 包含 thing ？	判斷清單中是否包含 "thing"
清單 list 顯示	顯示清單
清單 list 隱藏	隱藏清單

- 事件：設定觸發的執行程式，例如當按下空白鍵就執行某些程式。

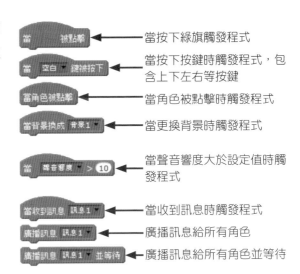

當按下綠旗觸發程式

當按下按鍵時觸發程式，包含上下左右等按鍵

當角色被點擊時觸發程式

當更換背景時觸發程式

當聲音響度大於設定值時觸發程式

當收到訊息時觸發程式

廣播訊息給所有角色

廣播訊息給所有角色並等待

- 控制：設定程式的流程控制、判斷、迴圈和建立角色分身。

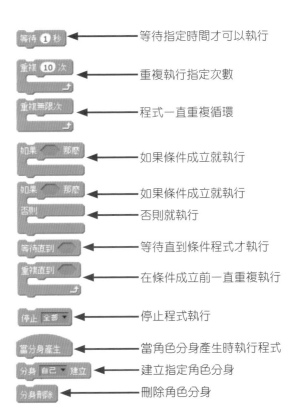

等待指定時間才可以執行

重複執行指定次數

程式一直重複循環

如果條件成立就執行

如果條件成立就執行

否則就執行

等待直到條件程式才執行

在條件成立前一直重複執行

停止程式執行

當角色分身產生時執行程式

建立指定角色分身

刪除角色分身

- 偵測：偵測角色是否碰到顏色或其他角色、滑鼠是否被按下、滑鼠座標、詢問問題。

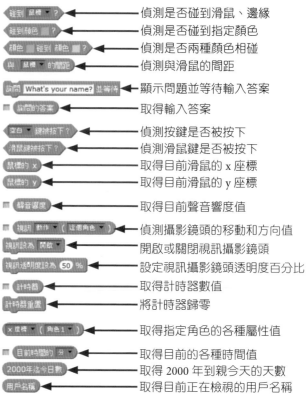

- 偵測是否碰到滑鼠、邊緣
- 偵測是否碰到指定顏色
- 偵測是否兩種顏色相碰
- 偵測與滑鼠的間距
- 顯示問題並等待輸入答案
- 取得輸入答案
- 偵測按鍵是否被按下
- 偵測滑鼠鍵是否被按下
- 取得目前滑鼠的 x 座標
- 取得目前滑鼠的 y 座標
- 取得目前聲音響度值
- 偵測攝影鏡頭的移動和方向值
- 開啟或關閉視訊攝影鏡頭
- 設定視訊攝影鏡頭透明度百分比
- 取得計時器數值
- 將計時器歸零
- 取得指定角色的各種屬性值
- 取得目前的各種時間值
- 取得 2000 年到親今天的天數
- 取得目前正在檢視的用戶名稱

- 運算：四則運算、邏輯運算、隨機取數和字串組合。

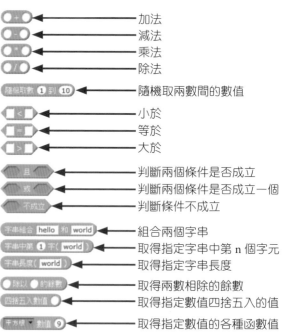

- 加法
- 減法
- 乘法
- 除法
- 隨機取兩數間的數值
- 小於
- 等於
- 大於
- 判斷兩個條件是否成立
- 判斷兩個條件是否成立一個
- 判斷條件不成立
- 組合兩個字串
- 取得指定字串中第 n 個字元
- 取得指定字串長度
- 取得兩數相除的餘數
- 取得指定數值四捨五入的值
- 取得指定數值的各種函數值

- 更多積木：可將重複性高
  的程式指令組合成一個函
  式積木。

積木名稱

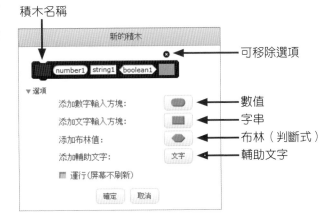

可移除選項

數值

字串

布林（判斷式）

輔助文字

九、程式區

目前角色座標位置

MEMO

2

認識 S4A 互動模組

2.1 Arduino UNO 簡介

　　Arduino UNO 是一個開放原始碼的單晶片微控制器，它使用了 Atmel AVR 單晶片，採用了開放原始碼的軟硬體平台，建構於簡易輸出 / 輸入（simple I/O）介面板，並且具有使用類似 Java、C 語言的 Processing/Wiring 開發環境。Arduino 的核心開發團隊成員包括馬西莫．班齊（Massimo Banzi）、大衛．梅利斯（David Mellis）和尼可拉斯．蘭比提（Nicholas Zambetti）等人。Arduino 可簡單地與感測器，各式各樣的電子元件連接，如紅外線、超音波、熱敏電阻、光敏電阻、伺服馬達…等，且支援多樣的互動程式，如 Adobe Flash, Max/MSP, VVVV, Pure Data, C, Processing…等，另外附有 USB 介面，不需外接電源、也可以直流（DC）電源輸入。Arduino 各部位名稱如標示圖。

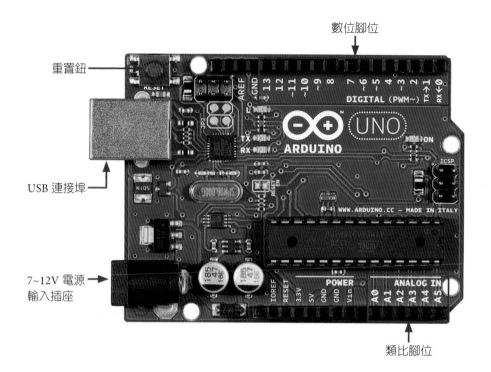

數位腳位

重置鈕

USB 連接埠

7~12V 電源
輸入插座

類比腳位

2.2 S4A 互動模組感測器

由台灣廠商慧手科技公司（Motoduino Lab.）所出品的 S4A Sensor Board，是一款可直接安裝在 Arduino UNO 上的擴充板，此擴充板的特色為其原先便已配置數種感測器（例如光敏、聲音感測器）與輸出裝置（例如 LED、蜂鳴器）在擴充板上面，此友善的設計讓使用者可以大幅降低一開始需要耗費在硬體接線上的時間，初學者可直接利用程式軟體來操控 Sensor Board 上的這些感測器與輸出裝置。而在使用者藉由軟體漸漸熟悉相關的硬體知識後，此擴充板亦可支援使用者再利用 RJ11 或杜邦線外接其他的零組件來擴充其功能。S4A 互動模組感測器各部位名稱如標示圖。

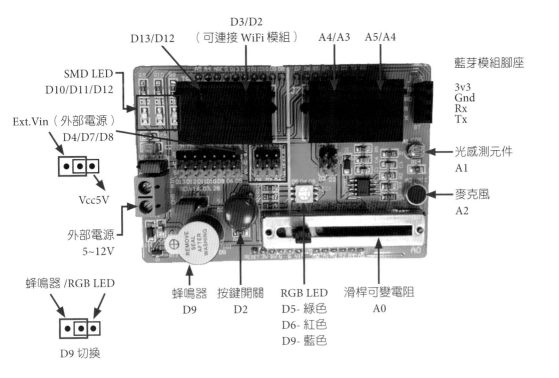

D3/D2
（可連接 WiFi 模組）

D13/D12

A4/A3　　A5/A4

SMD LED
D10/D11/D12

Ext.Vin（外部電源）
D4/D7/D8

Vcc5V

外部電源
5~12V

蜂鳴器 /RGB LED

D9 切換

蜂鳴器
D9

按鍵開關
D2

RGB LED
D5- 綠色
D6- 紅色
D9- 藍色

滑桿可變電阻
A0

藍芽模組腳座

3v3
Gnd
Rx
Tx

光感測元件
A1

麥克風
A2

2.3 Arduino、S4A Sensor Board 和電腦連結

Arduino 連結 S4A Sensor Board: 以長、短兩邊的最後一根針腳對齊，再將兩邊的所有腳位對準後插入壓緊。

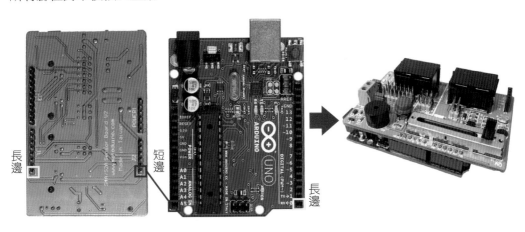

長邊　　　　短邊　　　　長邊

S4A Sensor Board 連結電腦：將 USB 連接線插入電腦 USB 孔即可。

2.4 認識 Transformer

一、簡介

　　Kodorobot Transformer 是由台灣宇宙機器人公司所開發的 Scratch 與 Arduino 轉譯程式。主要功能是讓 Scratch 的程式積木語言，可以透過 Transformer 轉譯程式將 Scratch 程式積木語言轉化為數位控制訊號，傳送至 Arduino 板並透過 Arduino 執行控制訊號產生動作。本書課程內容主要介紹由 Kodorobot Transformer 搭配台灣慧手科技 S4A Sensor Board Arduino 擴展板的有趣應用。

二、下載與安裝

1. 打開瀏覽器
2. 在網址列輸入 http://www.kodorobot.com/download.html

3. 點選 Transformer X.X（根據你要的版本下載）

✎ 根據項目填寫（信箱一定填寫正確，安裝檔會寄到信箱）

4. 勾選「我同意 Kodorobot《服務條款》及《隱私權政策》」

5. 點選「submit」

6. 查看信箱

7. 點選下載連結

🔑 下載新版即可

8. 打開「下載」資料夾（一般預設檔案下載放置位置）

9. 點選「transformer-community-XX.exe」（XX 代表版本）

10. 點選「是」

11. 選擇「語系」

12. 點選「確定」

13. 點選「下一步」

14. 點選「安裝」

15. 點選「完成」

三、環境設置

1. 點擊桌面 Transformer 連結 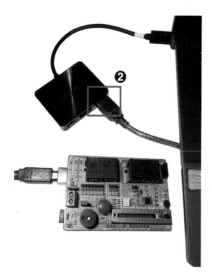，打開 Transformer

2. 將 USB 頭插入電腦

3. 點選「確定」← 確認已連接

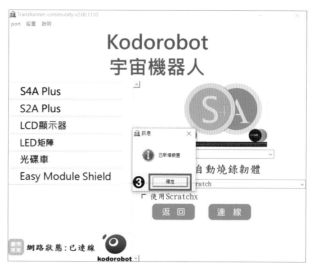

4. 點選「S4A Plus」

5. 選擇與 Arduino 連接的介面 - U

6. 勾選「自動燒錄韌體」

7. 開啟「Scratch」檔案

8. 點選「連線」

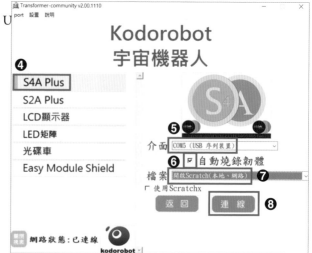

四、操作介面

　　介面與 Scratch 大同小異，最大的差別就是多了一個 Kodorobot 角色以及「程式」標籤的「更多積木」類別底下增加了控制 S4A Sensor Board 的程式積木。

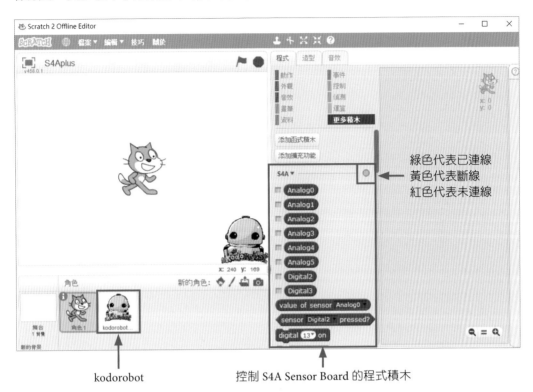

kodorobot

控制 S4A Sensor Board 的程式積木

MEMO

3

SMD LED 應用

本章結合 Scratch 程式和 S4A Sensor Board 的 SMD LED 元件開發交通燈號和紅綠燈應用，交通燈號：啟動時閃燈順序為紅→黃→綠；紅綠燈：交通燈號結合角色音效。

3.1 環境設定

1. 點擊桌面 Transformer 連結，打開 Transformer
2. 將 USB 頭插入電腦

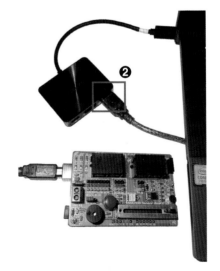

3. 點選「確定」← 確認已連接

4. 點選「S4A Plus」
5. 選擇與 Arduino 連接的介面 - USB 序列裝置
6. 勾選「自動燒錄韌體」
7. 開啟「Scratch」檔案
8. 點選「連線」

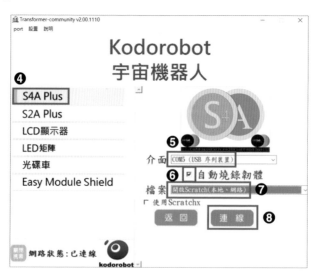

3.2 SMD LED 介紹

Sensor Board 上 SMD LED 連接至 Arduino 為數位腳位（digital），對應腳位：

- D10 - 綠色
- D11 - 紅色
- D12 - 黃色

3.3 交通燈號

》 流程圖

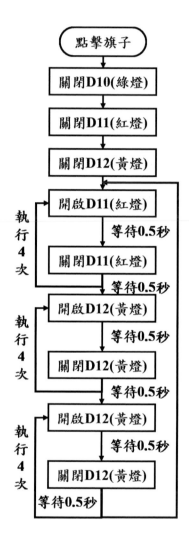

↺ 閃紅燈

1. 點擊「更多積木」類別→
   拖曳 digital 13 on

2. 拖曳 digital 13 off

3. "13" 改為 "11"

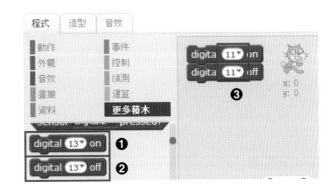

4. 點擊「控制」類別→拖曳
   等待 1 秒

5. "1" 改為 "0.5"

🔑 請你點擊執行區右上方的旗
子，再看看 S4A Sensor Board 的
反應是如何？閃爍了幾次？

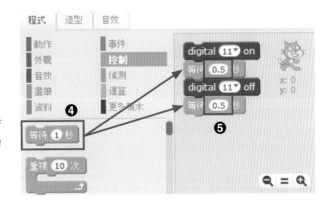

6. 點擊「控制」類別→拖曳

   重複 10 次

7. "10" 改為 "4"

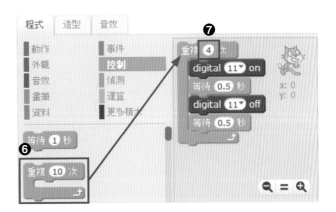

如果想要讓燈一直閃爍
的話，可以這樣做…
1. 點擊「控制」類別
2. 將「重複 4 次」換成
　　「重複無限次」

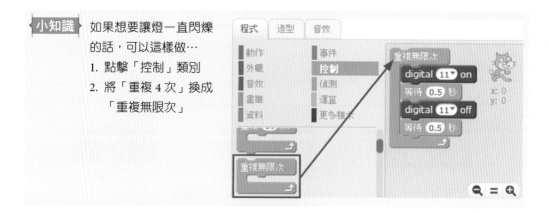

↺ 閃黃燈

1. 點擊「更多積木」類別→
　　拖曳 digital 13▾ on

2. 拖曳 digital 13▾ off

3. "13" 改為 "12"

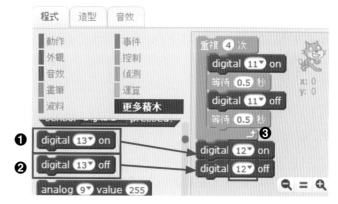

4. 點擊「控制」類別→拖曳
　　等待 1 秒

5. "1" 改為 "0.5"

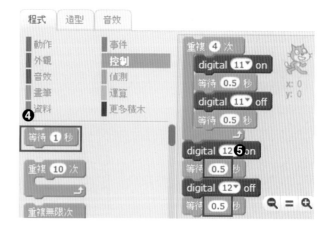

6. 點擊「控制」類別→拖曳

7. "10" 改為 "4"

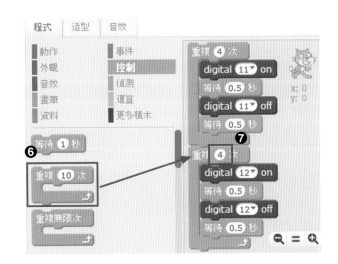

🔄 閃綠燈

1. 點擊「更多積木」類別→
   拖曳 digital 13▾ on

2. 拖曳 digital 13▾ off

3. "13" 改為 "10"

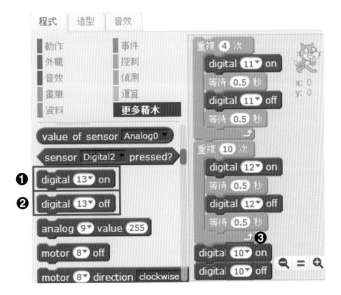

4. 點擊「控制」類別→拖曳

5. "1" 改為 "0.5"

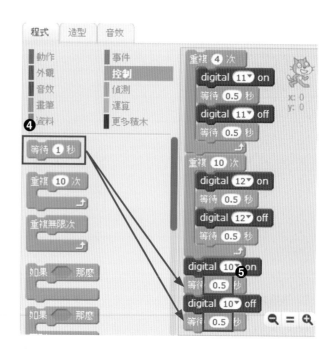

6. 點擊「控制」類別→拖曳

重複 **10** 次

7. "10" 改為 "4"

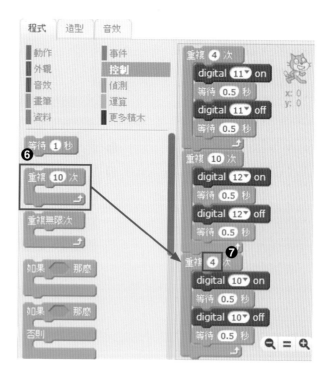

⟳ 交通燈號一直循環

1. 點擊「控制」類別→拖曳

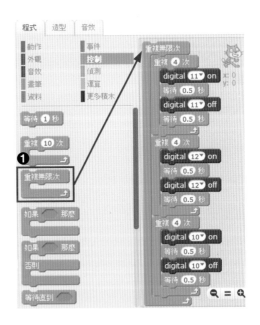

⟳ 啟動時，預設關燈

1. 點擊「事件」類別→拖曳

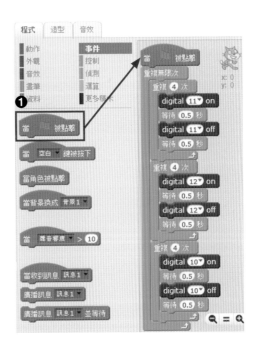

2.	點擊「更多積木」類別→拖曳

	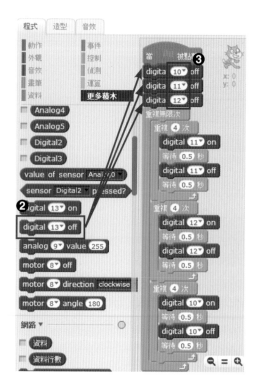

	digital 13▾ off

	放置 3 個

3.	"13" 改為

	"10"、"11"、"12"

↺	完成

3.4 紅綠燈

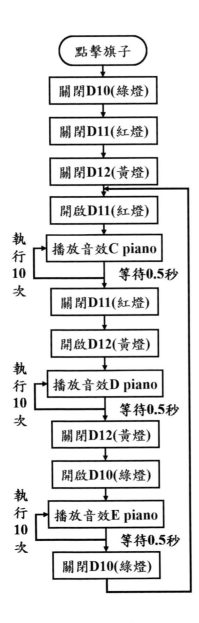

>> 程式教學

↻ 音效匯入

1. 點擊「音效」
2. 點擊預設音效
3. 按滑鼠「右鍵」
4. 點擊「刪除」

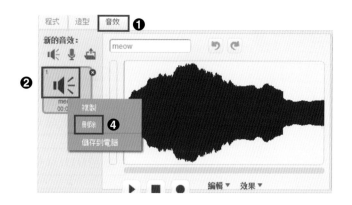

🔑 分別匯入 C、D、E piano 音效

5. 點擊「在範例庫中挑選音效」
6. 點擊「音符」分類
7. 點擊 C piano

    （D、E piano 動作同上）

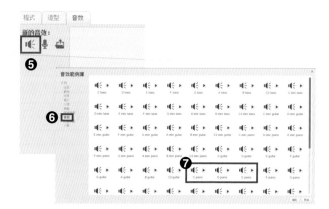

↻ 重新開始回復初始值

1. 點擊「事件」類別→拖曳

🔑 點擊旗子代表重新開始

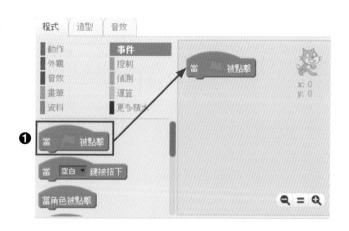

2. 點擊「更多積木」類別→
   拖曳

   放置 3 個

3. "13" 改為 "10"、"11"、"12"

🔧 關閉 D10、11、12

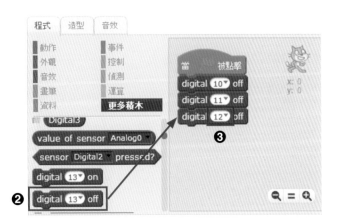

🔄 亮紅燈時，播放音效

1. 點擊「更多積木」類別→
   拖曳

2. "13" 改為 "11"

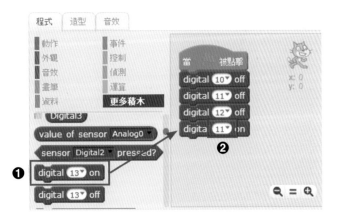

3. 點擊「音效」類別→拖曳

4. "E piano" 改為 "C piano"

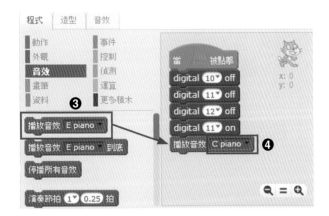

↻ 亮紅燈音效連續播放 "10" 次

1. 點擊「控制」類別→拖曳

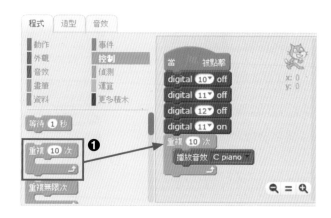

2. 拖曳

3. "1" 改為 "0.5"

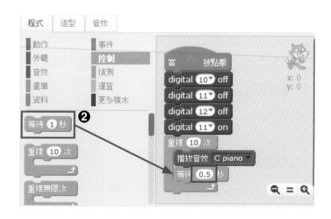

↻ 紅燈暗，黃燈亮

1. 點擊「更多積木」類別→
   拖曳 digital 13▼ off

2. "13" 改為 "11"

digital 11▼ off

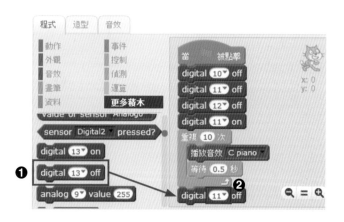

3.　點擊「更多積木」類別→
　　拖曳

4.　"13" 改為 "12"

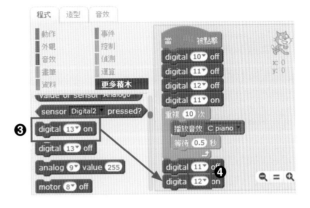

↺　**黃燈連續播放音效 "2" 次**

1.　點擊「控制」類別→拖曳

2.　"10" 改為 "2"

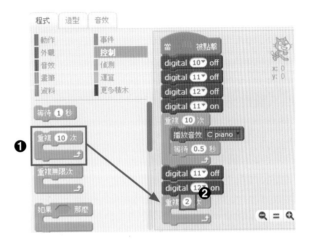

3.　點擊「音效」類別→拖曳

播放音效 E piano

4.　"E piano" 改為 "D piano"

播放音效 D piano

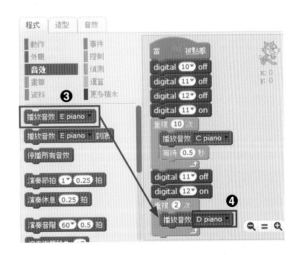

5. 點擊「控制」類別→拖曳

   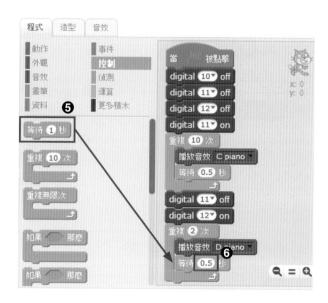

   等待 1 秒

6. "1" 改為 "0.5"

   等待 0.5 秒

⟳ 黃燈暗，綠燈亮

1. 點擊「更多積木」類別→
   拖曳 digital 13 off

2. "13" 改為 "12"

   digital 12 off

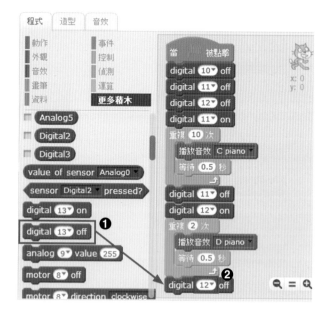

3. 點擊「更多積木」類別→
   拖曳

4. "13" 改為 "10"

   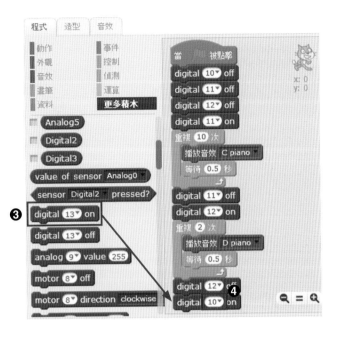

🔄 綠燈連續播放音效 "10" 次

1. 點擊「控制」類別→拖曳

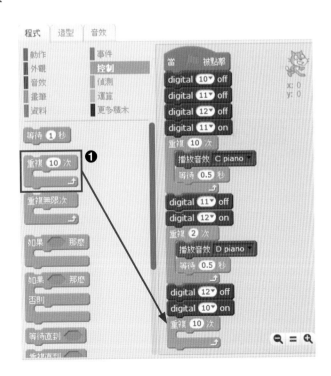

2. 點擊「音效」類別→拖曳

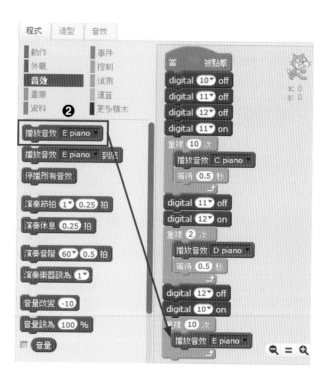

3. 點擊「控制」類別→拖曳

等待 1 秒

4. "1" 改為 "0.5"

等待 0.5 秒

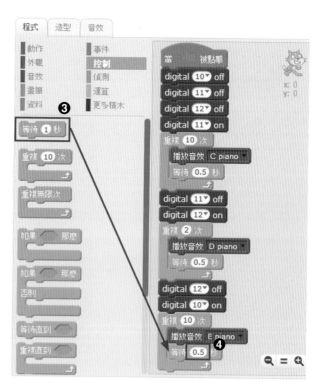

↺ 綠燈暗

1. 點擊「更多積木」類別→
   拖曳 `digital 13▾ off`

2. "13" 改為 "10"

   `digital 10▾ off`

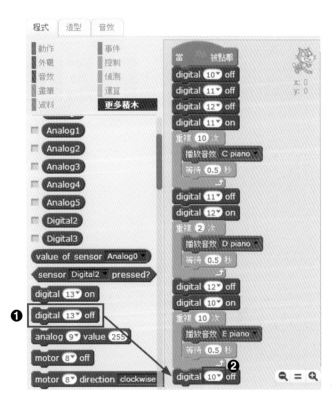

↺ 完成

MEMO

4

RGB LED 應用

本章結合 Scratch 程式和 S4A Sensor Board 的 RGB LED 元件開發七彩霓虹燈和燈光轉換應用，七彩霓虹燈：循環隨機變色；燈光轉換：根據不同角色顏色進行切換。

4.1 環境設定

1. 點擊桌面 Transformer 連結，打開 Transformer
2. 將 USB 頭插入電腦

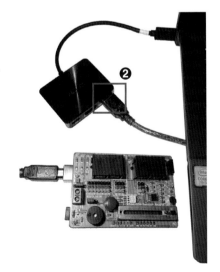

3. 點選「確定」← 確認已連接

4. 點選「S4A Plus」

5. 選擇與 Arduino 連接的介面 - USB 序列裝置

6. 勾選「自動燒錄韌體」

7. 開啟「Scratch」檔案

8. 點選「連線」

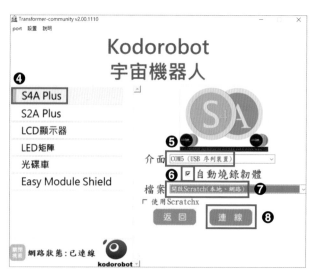

4.2 RGB LED 介紹

要正確控制 RGB LED 需要知道 Sensor Board 上對應的腳位以及蜂鳴器與 RGB LED 的切換設定。

Sensor Board 上 RGB LED 連接至 Arduino 為類比腳位（analog），value（數值）範圍：0~255，數值不同會影響到色階的不同，0 代表關燈。

1. RGB LED 對應腳位
   D5- 綠色
   D6- 紅色
   D9- 藍色
2. 蜂鳴器 /RGB LED 切換

> **小知識** 什麼是色階？
> 以紅色為例，依據 D6（紅色）value（數值）的不同，所呈現的紅色也
> 將不同，如右圖。

255

0

4.3 七彩霓虹燈

》流程圖

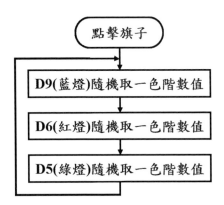

點擊旗子

D9(藍燈)隨機取一色階數值

D6(紅燈)隨機取一色階數值

D5(綠燈)隨機取一色階數值

↺ 啟動時，顏色隨機變換

1. 點擊「事件」類別→ 拖曳

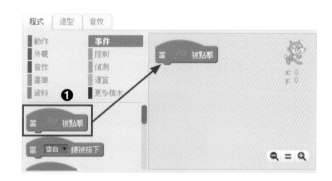

2. 點擊「更多積木」類別→
   拖曳 analog 9▾ value 255
   放置 3 個

3. 3 個 analog 分別改為 "5"、
   "6"、"9"

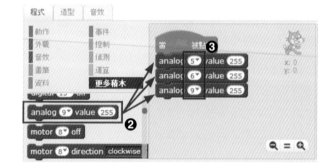

4. 點擊「運算」類別→拖曳

   隨機取數 1 到 10

5. "1" 到 "10" 改為 "0" 到 "255"

   隨機取數 0 到 255

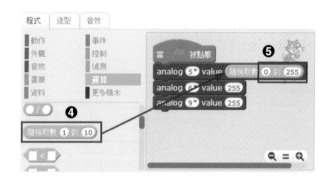

6. 游標移到

→ 按「右鍵」→ 複製放置於
下面兩個 "255" 位置

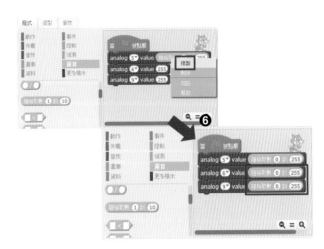

↻ **顏色重複隨機變換**

1. 點擊「控制」類別→拖曳

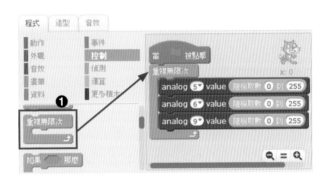

↻ **完成**

4.4 燈光轉換

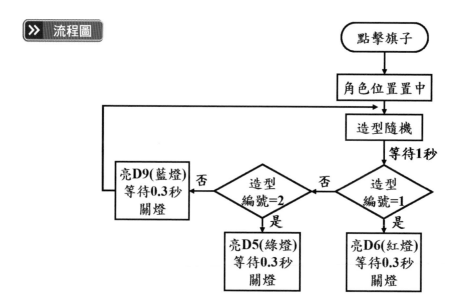

↺ 匯入角色

1. 點擊角色區-「在範例庫中挑選角色」

2. 點擊「Ball」

3. 點擊「確定」

↺ 留下三個造型即可，其餘（**ball-d**、**ball-e**）刪除

1. 點擊「造型」
2. 點擊「ball-d」
3. 右鍵 → 刪除

🔧 ball-e 做法相同

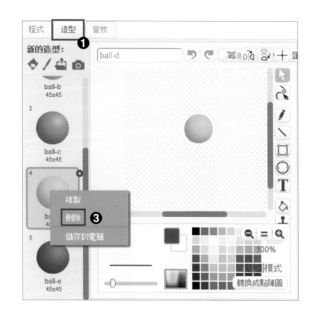

↺ 修改顏色

修改 ball-a、ball-b、ball-c 顏色並根據顏色改成相對應名字

1. 點擊「ball-a」
2. 點擊「為圖形填色」
3. 選擇 " 紅色 "
4. 游標移到造型編輯區
5. 更改名字 "Red"

🔧 ball-b → Green
ball-c → Blue
做法相同

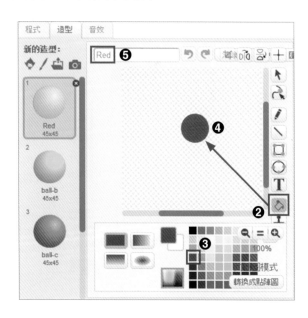

↺ 設定紅、綠、藍燈、關閉程式積木

紅燈 – Red

綠燈 – Green

藍燈 – Blue

關閉光源 – Close

1. 點擊「程式」

2. 點擊「更多積木」類別

3. 點擊「添加函式積木」

4. 輸入 "Red"

5. 點擊「確定」

🔧 添加完畢，程式區會出現相對應程式積木

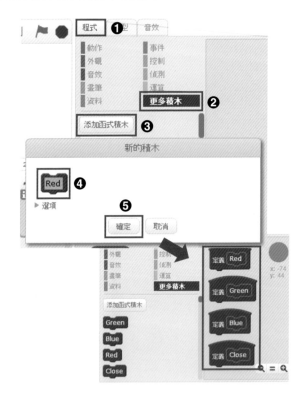

↺ 給予函式積木相對應該執行的程式

✎ 還記得此章剛開始有提到每個類比腳位輸出的數值代表什麼嗎？

✎ 設置 Red 程式

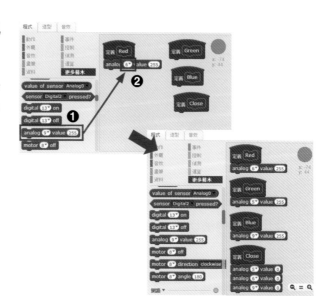

1. 點擊「更多積木」類別→拖曳

2. "9" 改為 "6"

定義 \ analog	5 綠色	6 紅色	9 藍色
Red		255	
Green	255		
Blue			255
Close	0	0	0

✎ Green、Blue、Close 程式做法相同

↺ 開始時，角色定位在正中央

1. 點擊「事件」類別→拖曳

當 被點擊

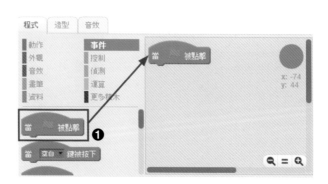

2. 點擊「動作」類別→拖曳

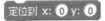

3. x、y 填入 "0"

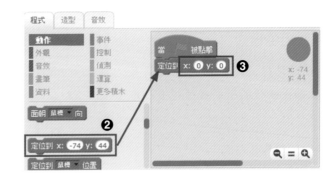

↻ 角色造型隨機切換

1. 點擊「外觀」類別→拖曳

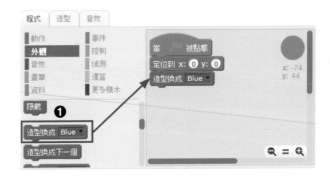

2. 點擊「運算」類別→拖曳

隨機取數 1 到 10

放置於 "Blue" 的位置

3. "10" 改為 "3"

隨機取數 1 到 3

🔧 角色有 3 個造型

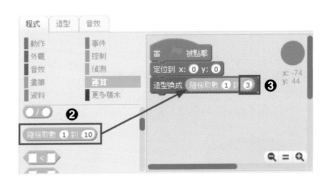

↺ 判斷是否為 Red 造型

1. 點擊「控制」類別→拖曳

🔑 後面還會需要判斷其他造型

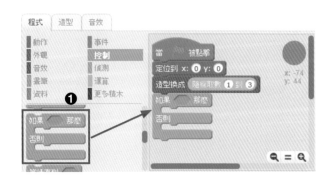

2. 點擊「運算」類別→拖曳

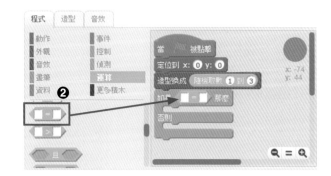

3. 點擊「外觀」類別→拖曳

🔑 根據編號來判斷

4. 等於後面填 "1"

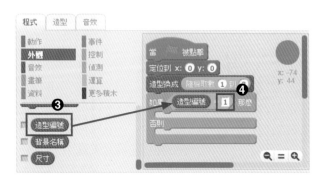

5. 點擊「更多積木」類別→
   拖曳

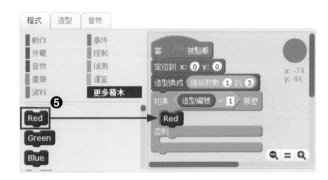

↻ **判斷是否為 Green 造型，是：點亮綠燈；否：點亮藍燈**

1. 點擊「控制」類別→拖曳

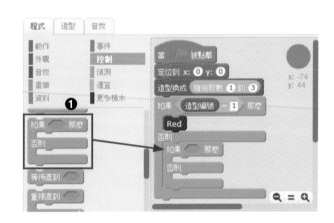

2. 點擊「運算」類別→拖曳

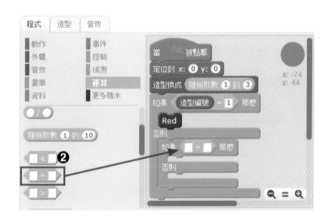

3. 點擊「外觀」類別→拖曳

4. 等於後面填入 "2"

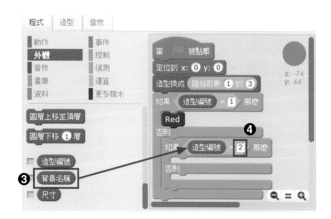

↻ 關閉光源

1. 點擊「控制」類別→拖曳

等待 1 秒

2. "1" 改為 "0.3"

等待 0.3 秒

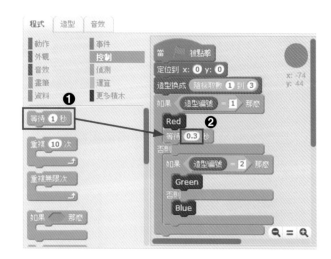

3. 點擊「更多積木」類別→
拖曳 Close

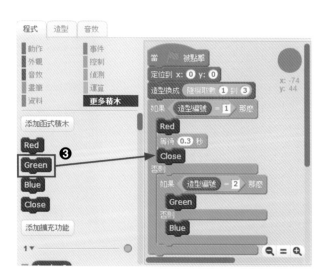

4. 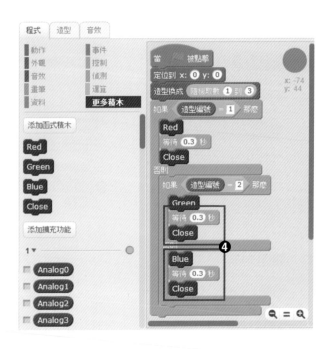 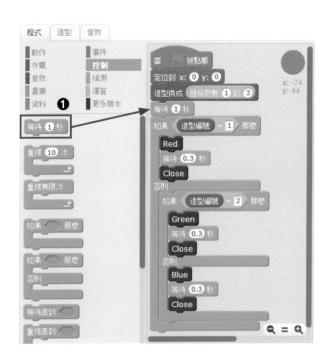 分別放置於

Green 、 Blue 後面

↺ 造型切換及判斷顏色之間預留緩衝期

1. 點擊「控制」類別→拖曳

等待 1 秒

↻ 程式循環

1. 點擊「控制」類別→拖曳

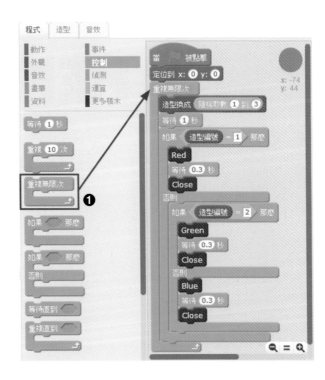

↻ 完成

MEMO

Adventure

5

按鈕元件應用

　　本章結合 Scratch 程式和 S4A Sensor Board 的按鈕開發按鈕式開關燈和小小燈光師應用，按鈕式開關燈：結合 SMD LED，按下按鈕開燈，再次按下關燈；小小燈光師：結合 RGB LED，按鈕被按下 4 次為一個週期，RGB LED 會依綠 > 紅 > 藍 > 全關的順序一直重複顯示。

5.1　環境設定

1.　點擊桌面 Transformer 連結 ，
　　打開 Transformer

2.　將 USB 頭插入電腦

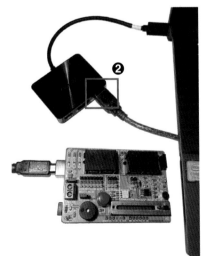

3. 點選「確定」← 確認已連接

4. 點選「S4A Plus」

5. 選擇與 Arduino 連接的介面 - USB 序列裝置

6. 勾選「自動燒錄韌體」

7. 開啟「Scratch」檔案

8. 點選「連線」

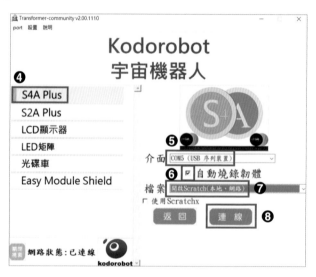

5.2 按鈕元件介紹

Sensor Board 上按鈕元件連接
至 Arduino 為數位腳位（digital），
對應腳位為 D2。

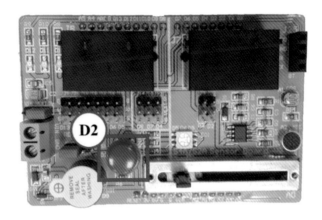

5.3 按鈕式開關燈

>> 流程圖

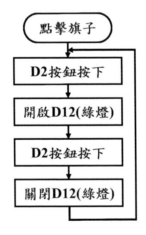

↻ 啟動時，關閉所有光源

1. 點擊「事件」類別→拖曳

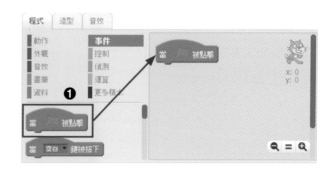

2. 點擊「更多積木」類別→拖曳 `digital 13▾ off`

3. "13" 改為 "12"

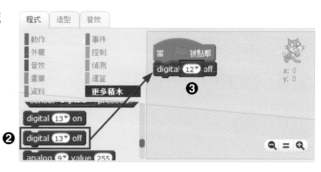

思考時間

問題 為何選擇 digital 12？

答案 Sensor Board 上的 SMD LED 旁印有 D10（紅）、D11（黃）、D12（綠），此章節是利用按鈕來控制開關燈。

↻ 按下按鈕，開燈

1. 點擊「控制」類別→拖曳

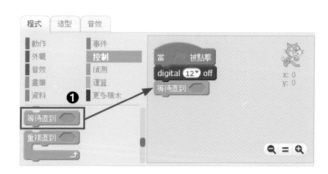

2. 點擊「更多積木」類別→
   拖曳 `sensor Digital2 pressed?`

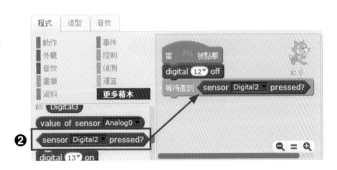

3. 點擊「更多積木」類別→
   拖曳 `digital 13▼ on`

4. "13" 改為 "12"

   `digital 12▼ on`

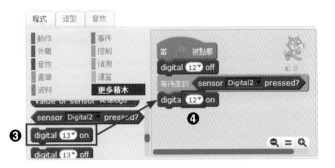

↻ **再次按下按鈕，關燈**

1. 點擊「控制」類別→拖曳

   `等待直到`

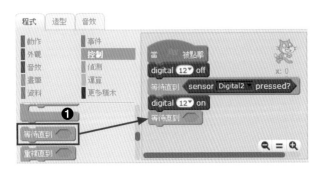

2. 點擊「更多積木」類別→
   拖曳

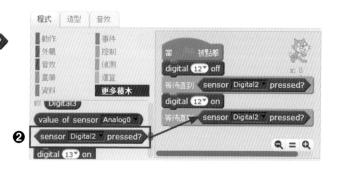

3. 點擊「更多積木」類別→
   拖曳 `digital 13▾ off`

4. "13" 改為 "12"

   `digital 12▾ off`

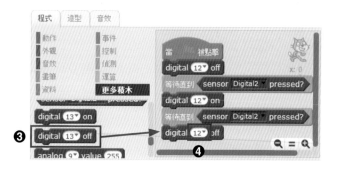

↻ 開關燈切換時，預留緩衝時間

1. 點擊「控制」類別→拖曳

   `等待 1 秒`

2. "1" 改為 "0.5"

   `等待 0.5 秒`

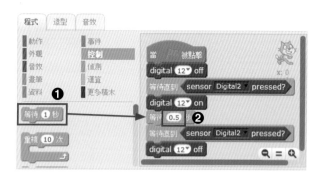

↻ 程式重複執行

1. 點擊「控制」類別→拖曳

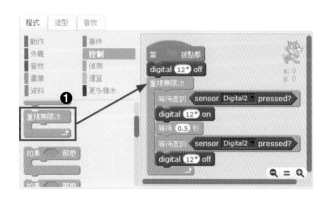

↻ 完成

5.4 小小燈光師

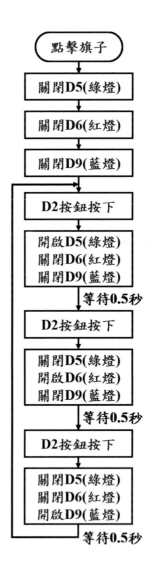

↺ 新增 nCurrentColor 變數

1. 點擊「資料」變數

2. 點擊「建立一個變數」

3. 變數名稱輸入
   「nCurrentColor」

4. 點擊「確定」

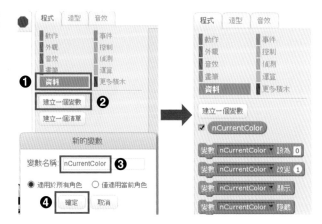

🔑 nCurrentColorl：目前顏色數值，設定一個變數來計算目前 RGB LED 應該要顯示什麼顏色（以按四次按鈕為一個週期，依序顯示綠、紅、藍、關）

↺ 每按一次按鈕，變數 nCurrentColor + 1

1. 點擊「控制」變數→拖曳

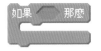

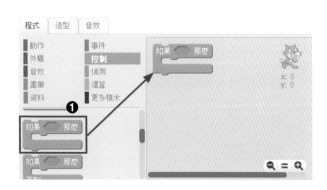

2. 點擊「更多積木」類別→
   拖曳

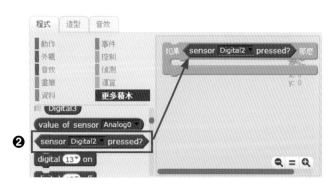

3. 點擊「資料」類別→拖曳

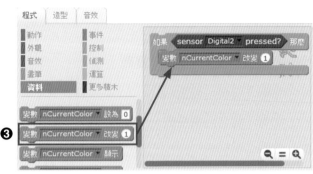

↺ **關閉全部光源**

1. 點擊「更多積木」類別→
   拖曳 analog 9▾ value 255
   放置 3 個

2. analog 分別更改為
   "5"、"6"、"9"

3. value "255 " 改為 "0"

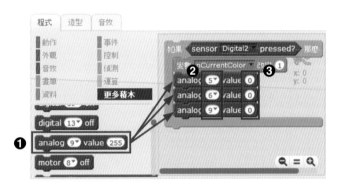

↺ **每次按下，預留緩衝期**

1. 點擊「控制」類別→拖曳

   等待 1 秒

2. "1" 改為 "0.3"

   等待 0.3 秒

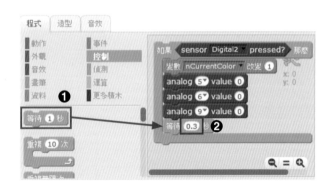

↺ 當進入週期第一次，就點亮綠燈（**D5**）

1. 點擊「控制」類別→拖曳

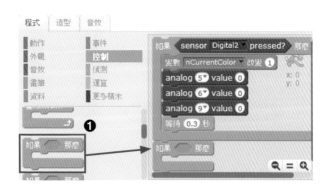

2. 點擊「運算」類別→拖曳

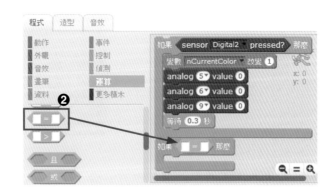

3. 點擊「運算」類別→拖曳

放置於  前面空格

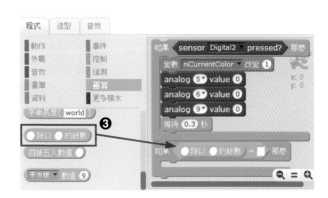

4. 點擊「資料」類別→拖曳

5. 除以後面填入 "4"

6. 等於後面填入 "1"

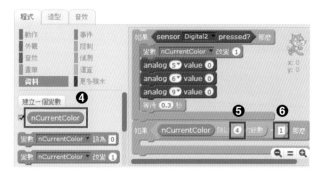

7. 點擊「更多積木」類別→
拖曳 analog 9 value 255

8. "9" 改為 "5"

analog 5 value 255

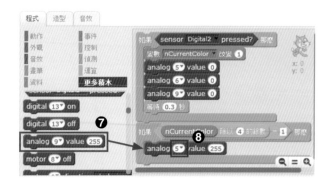

↺ 當進入週期第二次，就點亮紅燈（**D6**）

1. 點擊 " 週期第一次 "

" 如果 " 位置

→ 按右鍵 → 點擊「複製」

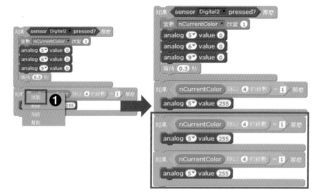

2. "1" 改為 "2"

3. "5" 改為 "6"

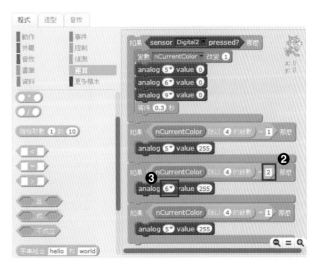

🕐 當進入週期第三次，就點亮藍燈（**D9**）

1. "1" 改為 "3"

2. "5" 改為 "9"

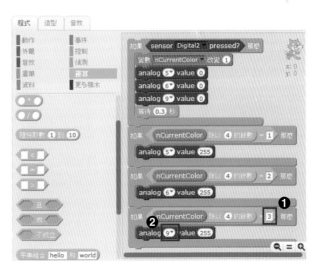

↻ 程式重複循環

1. 點擊「控制」類別→拖曳

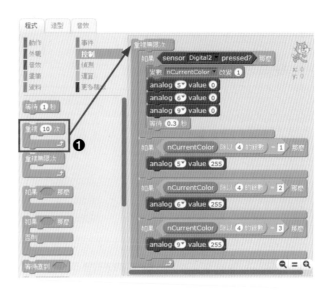

↻ 啟動時，恢復初始值

1. 點擊「事件」類別→拖曳

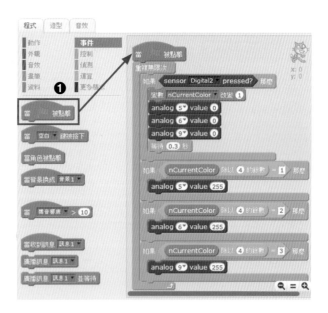

2. 點擊「資料」類別→拖曳

🔧 將變數值歸零

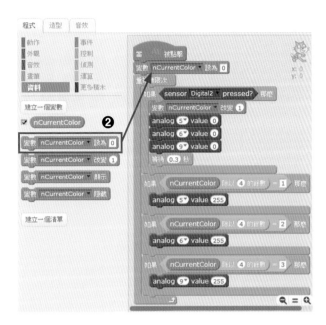

↻ 完成

MEMO

6

蜂鳴器應用

本章結合 Scratch 程式和 S4A Sensor Board 的蜂鳴器開發警報器和門鈴應用，警報器：循環開關蜂鳴器；門鈴：蜂鳴器結合按鈕，當按下按鈕後啟動蜂鳴器，放開後關閉蜂鳴器。

6.1 環境設定

1. 點擊桌面 Transformer 連結 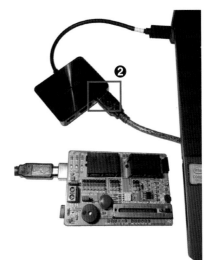，
   打開 Transformer
2. 將 USB 頭插入電腦

3. 點選「確定」← 確認已連接

4. 點選「S4A Plus」
5. 選擇與 Arduino 連接的介面 - USB 序列裝置
6. 勾選「自動燒錄韌體」
7. 開啟「Scratch」檔案
8. 點選「連線」

6.2 蜂鳴器介紹

Sensor Board 上蜂鳴器連接至 Arduino 為數位腳位（digital），value（數值）範圍：0~255，數值不同會影響聲音頻率，0 便會停止鳴叫。

1. 蜂鳴器對應腳位：D9

2. 蜂鳴器 /RGB LED 切換

小知識 為何 Sensor Board 上的蜂鳴器明明是接到 Arduino 的「數位（Digital）」腳位 D9，但在 Transformer 的 S4A 裡卻是使用 `analog 9▾ value 255` 來控制？其實這是由於 Arduino 的類比腳位只能"讀取 / 輸入"類比訊號，而無法"發送 / 輸出"類比訊號。若有需要 Arduino 輸出類比訊號的需求，則必須由 Arduino 的數位腳位中前面有特別標示「~」符號、能支援 PWM（Pulse Width Modulation）技術的數位腳位才能夠模擬輸出類比訊號。而 Arduino UNO 上支援 PWM 的數位腳位分別有 D3、D5、D6、D9、D10、D11，這也是為何需要以類比輸出的蜂鳴器會被接到 Arduino 的數位第九腳位 D9，且 `analog 9▾ value 255` 程式積木的「analog」會有 D5、D6、D9 可供選擇的最主要原因。

6.3 警報器

》 流程圖

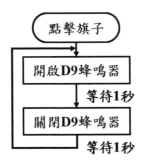

點擊旗子

開啟**D9**蜂鳴器

等待**1**秒

關閉**D9**蜂鳴器

等待**1**秒

↺ 啟動蜂鳴器，並循環播放

1. 點擊「更多積木」類別→
   拖曳

2. "255" 改為 "30"

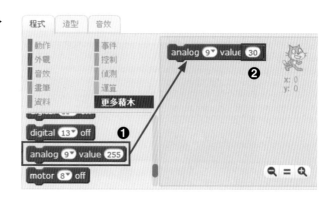

3. 點擊「控制」類別→拖曳

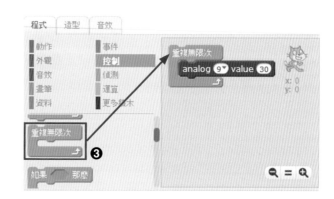

4. 拖曳 等待 1 秒

5. 點擊「更多積木」類別→
   拖曳

6. "255" 改為 "0"

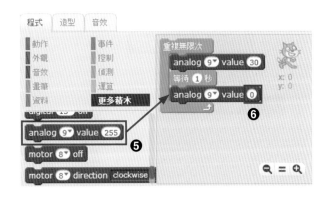

7. 點擊「控制」類別→拖曳

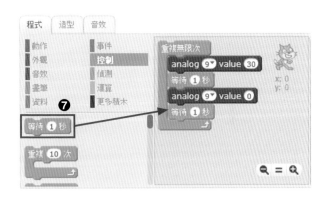

↻ 啟動時，蜂鳴器恢復初始化

1. 點擊「事件」類別→拖曳

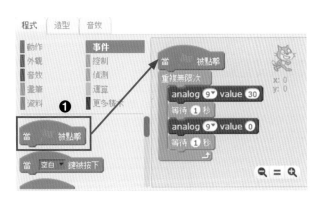

2. 點擊「更多積木」類別→
   拖曳 analog 9▼ value 255

3. "255" 改為 "0"

analog 9▼ value 0

↺ 完成

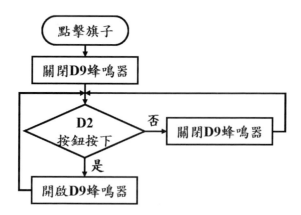

6.4 門鈴

》 流程圖

```
        ┌─────────┐
        │ 點擊旗子 │
        └─────────┘
             │
        ┌──────────────┐
        │ 關閉D9蜂鳴器 │
        └──────────────┘
             │
        ┌────┤◄──────────────────────────┐
        ▼    ▼                            │
        ◇─────────◇   否   ┌──────────────┐
        │   D2    │───────►│ 關閉D9蜂鳴器 │
        │ 按鈕按下 │        └──────────────┘
        ◇─────────◇
             │ 是
             ▼
        ┌──────────────┐
        │ 開啟D9蜂鳴器 │
        └──────────────┘
```

↺ **按下按鈕，啟動蜂鳴器**

1. 點擊「控制」類別→拖曳

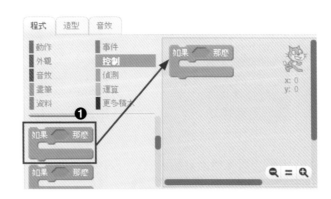

2. 點擊「更多積木」類別→
   拖曳

   sensor Digital2 pressed?

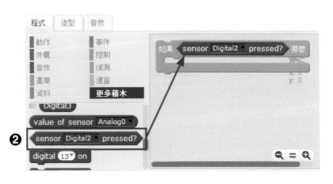

思考時間

問題 為何選擇 Digital 2?

答案 Sensor Board 上的按鈕旁印有 D2，因此選擇 Digital 2 腳位。

3. 拖曳 analog 9 value 255

4. "255" 改為 "30"

   analog 9 value 30

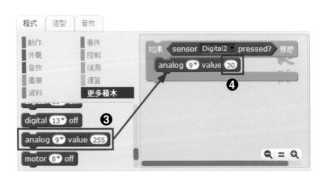

↺ 放開按鈕，關閉蜂鳴器，並重複執行

1. 改成→

點擊「控制」類別→拖曳

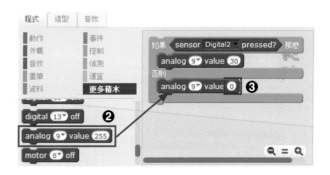

2. 點擊「更多積木」類別→
   拖曳 analog 9▾ value 255

3. "255" 改為 "0"

   analog 9▾ value 0

4. 點擊「控制」類別→拖曳

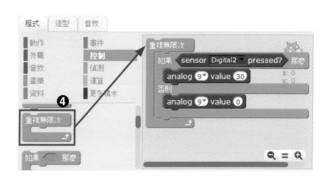

↻ 啟動時，恢復初始值

1. 點擊「事件」類別→拖曳

2. 點擊「更多積木」類別→
   拖曳 analog 9▾ value 255

3. "255" 改為 "0"

analog 9▾ value 0

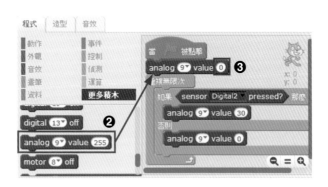

↻ 完成

MEMO

Adventure 7

滑桿元件應用

本章結合 Scratch 程式和 S4A Sensor Board 的滑桿元件開發滑動式開關燈和小小 DJ 應用，滑動式開關燈：透過滑桿來控制開關 SMD LED；小小 DJ：音樂開始後，透過滑桿增加音效，達到混音效果。

7.1 環境設定

1. 點擊桌面 Transformer 連結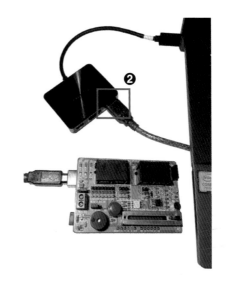，
   打開 Transformer

2. 將 USB 頭插入電腦

3. 點選「確定」← 確認已連接

4. 點選「S4A Plus」

5. 選擇與 Arduino 連接的介面 - USB 序列裝置

6. 勾選「自動燒錄韌體」

7. 開啟「Scratch」檔案

8. 點選「連線」

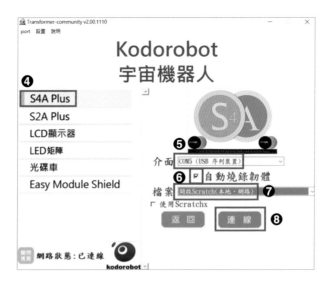

7.2 滑桿元件介紹

Sensor Board 上滑桿元件連接至 Arduino 為類比腳位（analog），對應腳位：A0，value（數值）範圍：0~1023 共 1024 種數值變化。

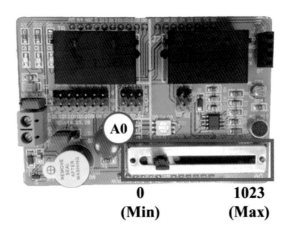

0 (Min)　　　1023 (Max)

7.3 滑動式開關燈

>> 流程圖

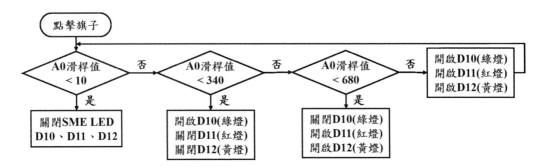

↺ **滑桿（A0）數值小於 10 時，所有 SMD LED 全部熄滅**

1. 點擊「事件」類別→拖曳

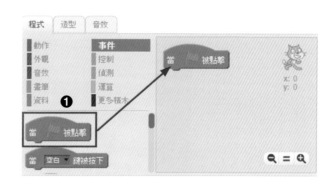

2. 點擊「控制」類別→拖曳

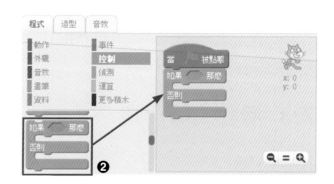

3. 點擊「運算」類別→拖曳

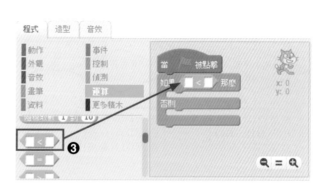

4. 點擊「更多積木」類別→
   拖曳

5. 小於後面填入 "10"

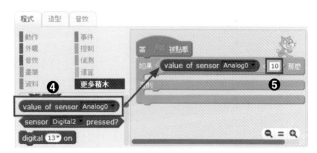

思考時間

問題 為何選擇 Analog0?

答案 Sensor Board 上的滑桿旁印有 A0，因此選擇 Analog0 腳位。

---

6. 拖曳
   放置 3 個

7. "13" 分別改為
   "10"、"11"、"12"

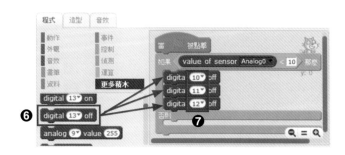

↻ **滑桿（A0）數值大於等於 10、小於 340 時，點亮綠色 SMD LED**

1. 點擊「控制」類別→拖曳

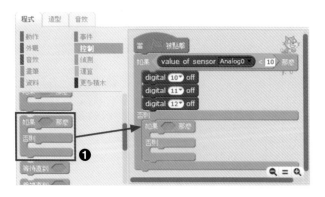

2. 點擊「運算」類別→拖曳

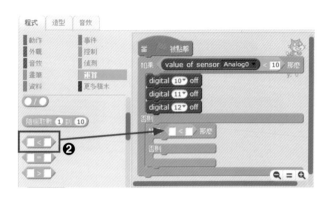

3. 點擊「更多積木」類別→
   拖曳

4. 小於後面填入 "340"

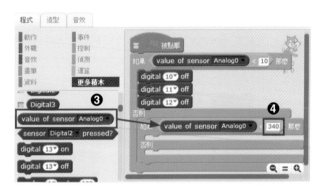

5. 拖曳 digital 13▾ off
   放置 2 個

6. "13" 分別改為 "10"、"11"

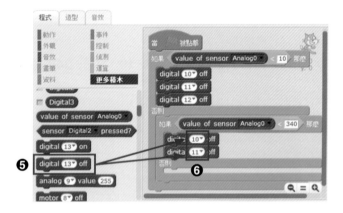

7. 拖曳 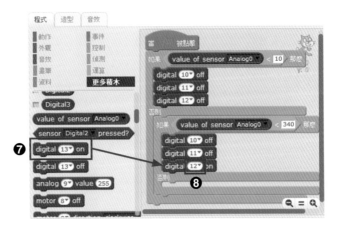 digital 13 on

8. "13" 改為 "12"

↻ 滑桿（**A0**）數值大於等於 **340**、小於 **680** 時，點亮 綠色及黃色 **SMD LED**

1. 點擊「控制」類別→拖曳

2. 點擊「運算」類別→拖曳

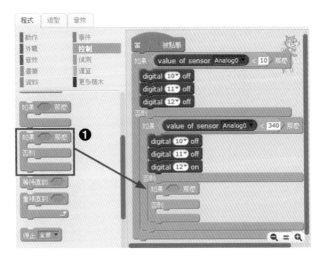

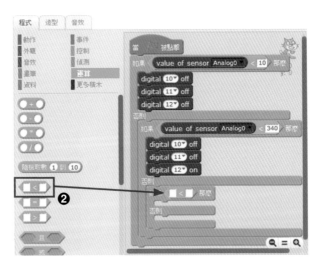

3. 點擊「更多積木」類別→
   拖曳

4. 小於後面填入 "680"

   value of sensor Analog0 < 680

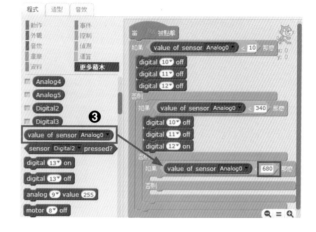

5. 拖曳 digital 13 off

6. "13" 改為 "10"

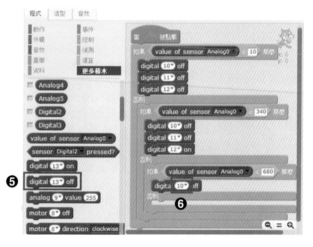

7. 拖曳 digital 13 on
   放置 2 個

8. "13" 分別改為 "11"、"12"

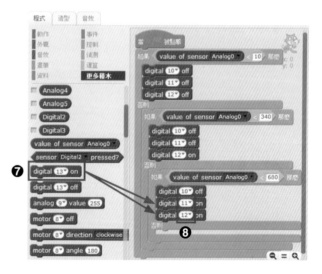

↻ 滑桿（**A0**）數值大於等於 **680** 時，點亮全部的 **SMD LED**

1. 點擊「更多積木」類別→
   拖曳 digital 13▼ on
   放置 3 個

2. "13" 分別改為
   "10"、"11"、"12"

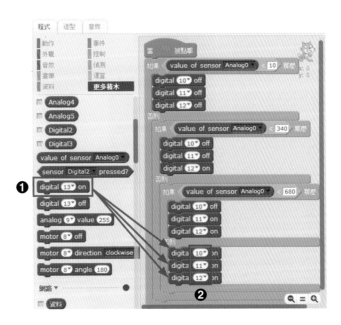

↻ 程式重複循環

1. 點擊「控制」類別→拖曳

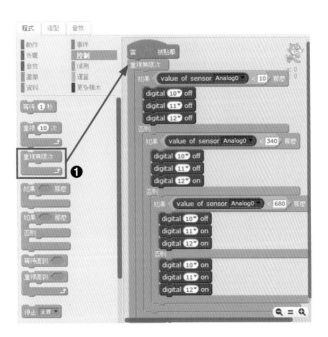

↺ 完成

```
當　　被點擊
重複無限次
    如果　value of sensor Analog0 ▼ < 10　那麼
        digital 10▼ off
        digital 11▼ off
        digital 12▼ off
    否則
        如果　value of sensor Analog0 ▼ < 340　那麼
            digital 10▼ off
            digital 11▼ off
            digital 12▼ on
        否則
            如果　value of sensor Analog0 ▼ < 680　那麼
                digital 10▼ off
                digital 11▼ on
                digital 12▼ on
            否則
                digital 10▼ on
                digital 11▼ on
                digital 12▼ on
```

7.4 小小 DJ

>> 流程圖

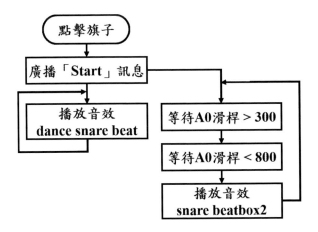

>> 程式教學

↺ 匯入音效「dance snare beat」、「snare beatbox2」

1. 點擊「音效」
2. 點擊「從範例庫中挑選音
   效」
   - 「音樂循環」→ 選擇
     「dance snare beat」
   - 「人聲」→ 選擇「snare
     beatbox2」

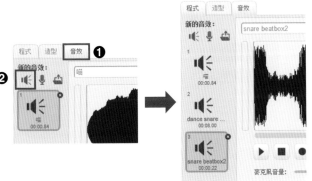

🕑 **遊戲啟動時，一直循環播放「dance snare beat」音效，並通知開始**

1. 點擊「事件」類別→拖曳

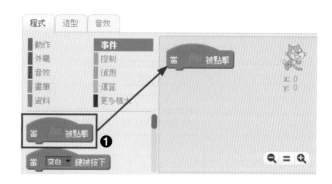

2. 拖曳
3. 點擊「訊息1」旁倒三角形
   →選擇「新訊息」
4. 訊息名稱填入 "start"
5. 點擊「確定」

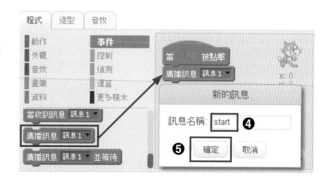

6. 點擊「控制」類別→拖曳

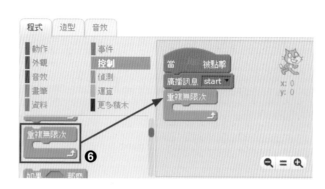

7. 點擊「音效」類別→拖曳

8. "snare beatbox2" 改為 "dance snare beat"

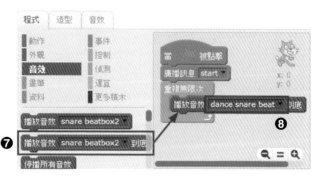

↺ 當收到開始訊息後，偵測滑桿數值增加混音

1. 點擊「事件」類別→拖曳

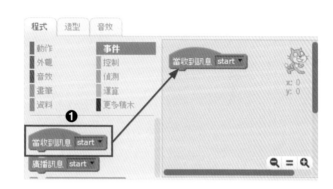

2. 點擊「控制」類別→拖曳

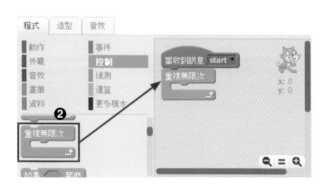

3. 拖曳

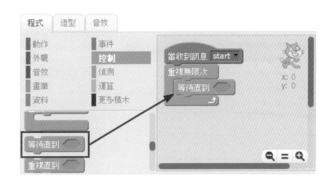

4. 點擊「運算」類別→拖曳

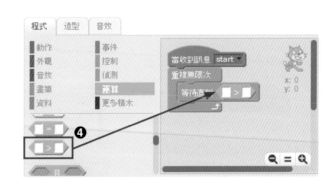

5. 點擊「更多積木」類別→
   拖曳 value of sensor Analog0

6. 大於後面填入 "300"

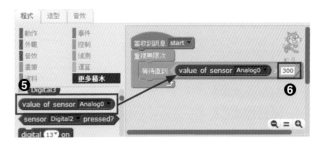

7. 點擊「控制」類別→拖曳

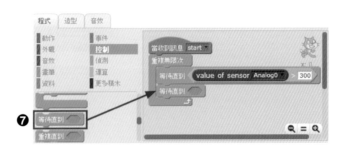

8. 點擊「運算」類別→拖曳

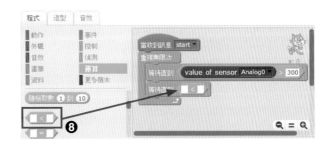

9. 點擊「更多積木」類別→
拖曳

10. 大於後面填入 "800"

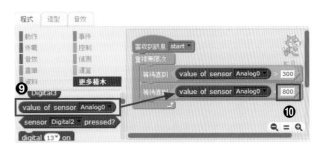

11. 點擊「音效」類別→拖曳

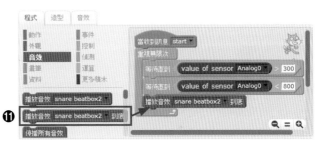

↺ 完成

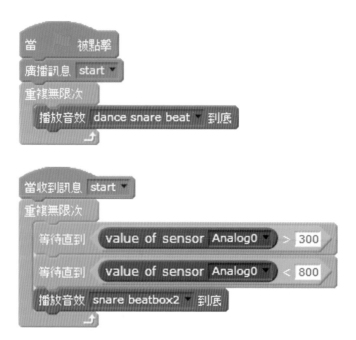

8

麥克風感測元件應用

本章結合 Scratch 程式和 S4A Sensor Board 的麥克風感測元件開發燈光控制和音效聲控之吹蠟燭應用，燈光控制：偵測聲音感測元件來開啟或關閉 RGB LED，兩次為一週期，第一次開啟，第二次關閉；音效聲控之吹蠟燭：遊戲啟動時會開始播放生日快樂歌，將蠟燭吹熄時播放歡呼聲。

8.1 環境設定

1. 點擊桌面 Transformer 連結 ，
   打開 Transformer
2. 將 USB 頭插入電腦

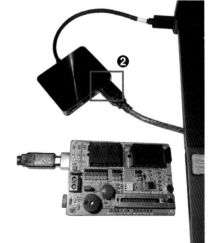

3. 點選「確定」← 確認已連接

4. 點選「S4A Plus」

5. 選擇與 Arduino 連接的介面 - USB 序列裝置

6. 勾選「自動燒錄韌體」

7. 開啟「Scratch」檔案

8. 點選「連線」

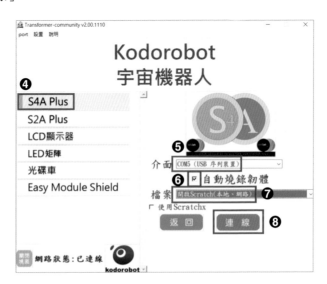

8.2 聲音感測元件介紹

Sensor Board 上聲音感測元件連接至 Arduino 為類比腳位（analog），對應腳位為 A2，麥克風所偵測到的數值代表收到的聲音大小聲。

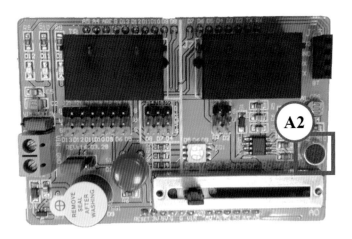

8.3 燈光控制

>> 流程圖

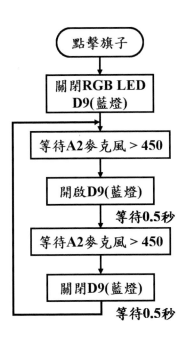

↻ 聲音達標準值開啟 RGB LED 燈

1.　點擊「控制」類別→拖曳

　　`等待直到`

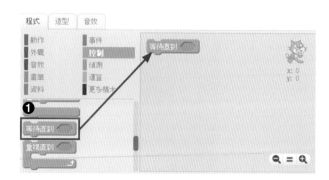

2.　點擊「運算」類別→拖曳

　　`☐ > ☐`

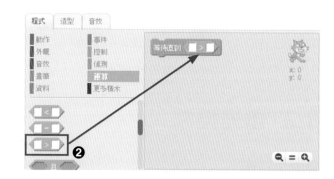

3.　點擊「更多積木」類別→

　　拖曳 `value of sensor Analog0`

4.　Analog"0" 改為 "2"

5.　大於後面填入 "450"

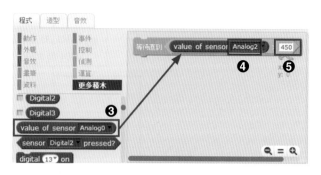

`value of sensor Analog2 > 450`

思考時間

問題 為何選擇 Analog0?

答案 Sensor Board 上的滑桿旁印有 A0，因此選擇 Analog0 腳位。

6. 拖曳

7. "255" 改為 "100"

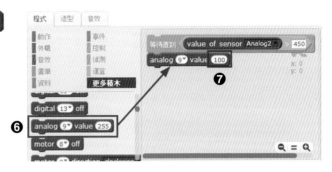

| 思考時間 |

問題 為何選擇 analog 5？

答案 Sensor Board 上的 RGB LED 旁印有 A5（綠）、A6（紅）、A9（藍），此章節是
利用聲音感測來控制 LED 開關燈。

↺ 聲音第二次達標準值關閉 RGB LED 燈

1. 點擊「控制」類別→拖曳

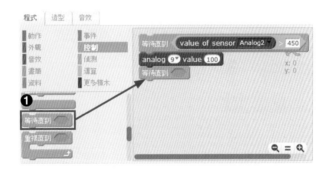

2. 點擊「運算」類別→拖曳

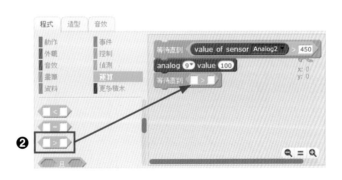

3. 點擊「更多積木」類別→
   拖曳

4. Analog"0" 改為 "2"

5. 大於後面填入 "450"

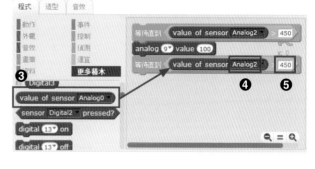

6. 拖曳 analog 9▾ value 255

7. "255" 改為 "0"

analog 9▾ value 0

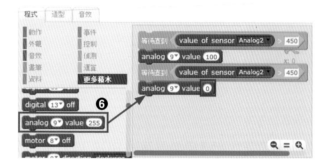

↺ **開關燈時，預留緩衝時間，週期循環**

1. 點擊「控制」類別→拖曳

   等待 1 秒

2. "1" 改為 "0.5"

   等待 0.5 秒

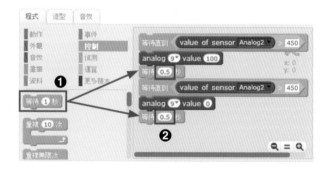

3. 拖曳 重複無限次

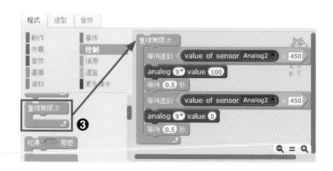

遊戲啟動時，預先關閉 RGB LED

1. 點擊「事件」類別→拖曳

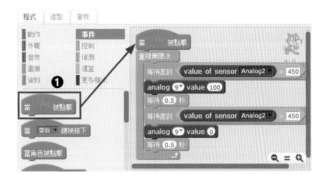

2. 點擊「更多積木」類別→

拖曳

3. "255" 改為 "0"

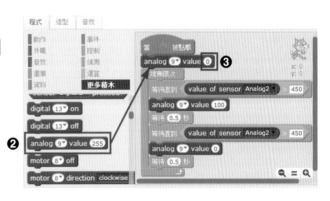

完成

8.4 音效聲控之吹蠟燭

» 流程圖

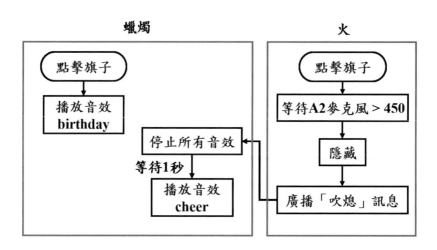

» 程式教學

↻ 刪除預設角色

1. 點擊角色區 -「角色 1」→右鍵→刪除
2. 點擊角色區 -「kodorobot_LOGO」→右鍵
   →刪除

匯入「蠟燭」角色，調整適當位置

1. 點擊角色區 -「從電腦中挑選角色」

2. 打開「素材」的「麥克風感測元件」資料夾

3. 點擊「蠟燭 .png」

4. 點擊「開啟」

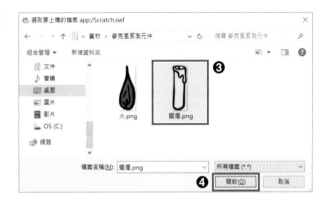

調整角色適當大小

5. 點擊「縮小」按鈕

6. 點擊角色（連續點擊即可縮小）

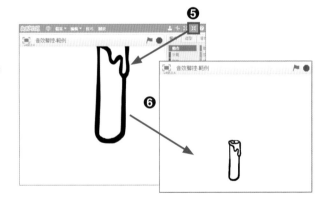

↻ 分別匯入「**birthday**」、「**cheer**」音效

1. 點擊「音效」
2. 點擊「從範例庫中挑選音效」
3. 點擊「birthday」、「cheer」
4. 點擊「確定」

小撇步 點選時按住「Shift」，可連續選擇。

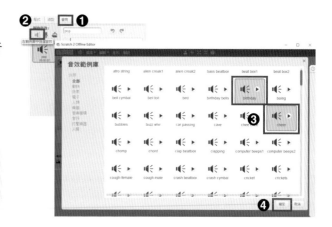

↻ 遊戲啟動時，開始播放音樂

1. 點擊「程式」回到程式區
2. 點擊「事件」類別→拖曳

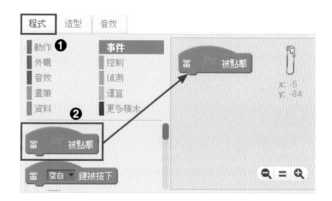

3. 點擊「音效」類別→拖曳

   播放音效 cheer

4. "cheer" 改為 "birthday"

   播放音效 birthday

↺ 匯入「燭火」角色

1. 點擊角色區 -「從電腦中挑選角色」

2. 打開「素材」的「麥克風感測元件」資料夾

3. 點擊「燭火 .png」

4. 點擊「確定」

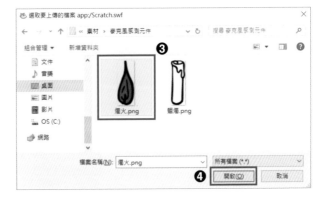

✎ 調整角色適當大小

5. 點擊「縮小」按鈕

6. 點擊角色（連續點擊即可縮小）

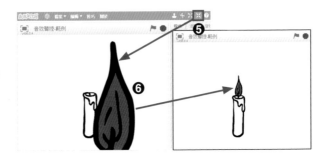

⟲ 遊戲啟動開始偵測，達標準值燭火就被吹熄

1. 點擊「事件」類別→拖曳

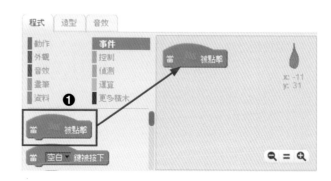

2. 點擊「控制」類別→拖曳

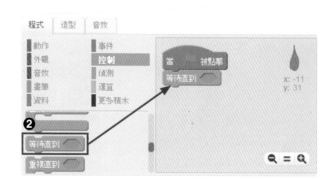

3. 點擊「運算」類別→拖曳

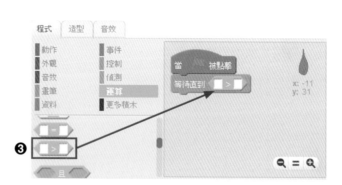

4. 點擊「更多積木」類別→
拖曳

5. Analog"0" 改為 "2"

6. 大於後面填入 "450"

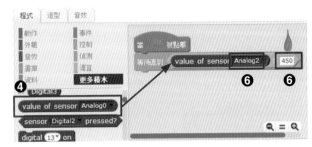

7. 點擊「外觀」類別→拖曳

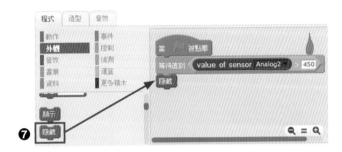

8. 點擊「事件」類別→拖曳
廣播訊息 訊息1▼

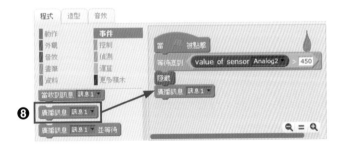

9. 點擊「訊息1」旁倒三角形
→選擇「新訊息」

10. 訊息名稱填入 " 吹熄 "

11. 點擊「確定」

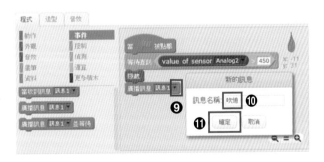

↻ 收到「吹熄」訊息時，音效停止並播放「**cheer**」音效

1. 點擊角色區 -「蠟燭」

2. 點擊「事件」類別→拖曳

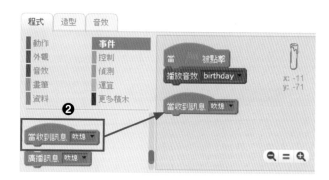

3. 點擊「音效」類別→拖曳

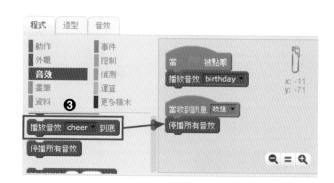

4. 點擊「控制」類別→拖曳

5. 點擊「音效」類別→拖曳

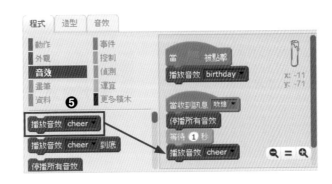

↻ 完成

1. 角色「蠟燭」

2. 角色「火」

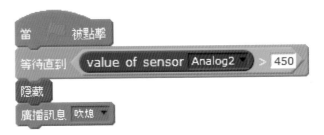

MEMO

Adventure

9

光感測元件應用

本章結合 Scratch 程式和 S4A Sensor Board 的光感測元件開發光源控制和移動控制應用，光源控制：偵測數值觸動開關燈；移動控制：控制角色 - 貓咪移動。

9.1　環境設定

1. 點擊桌面 Transformer 連結，
   打開 Transformer

2. 將 USB 頭插入電腦

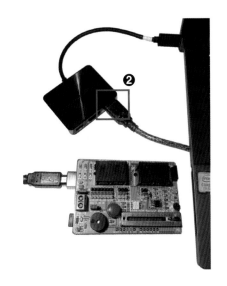

3. 點選「確定」← 確認已連接

4. 點選「S4A Plus」

5. 選擇與 Arduino 連接的介面 - USB 序列裝置

6. 勾選「自動燒錄韌體」

7. 開啟「Scratch」檔案

8. 點選「連線」

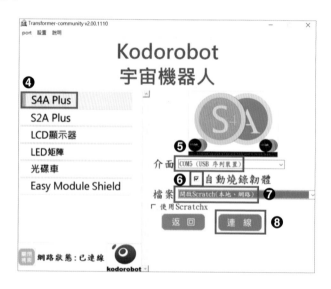

9.2 光感測元件介紹

  Sensor Board 上光感測元件連接至 Arduino 為類比腳位（analog），對應腳位為 A1，光感測所偵測到的數值代表光源的亮度。

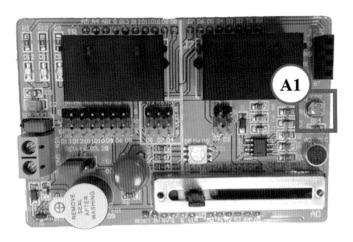

9.3 光源控制

>> 流程圖

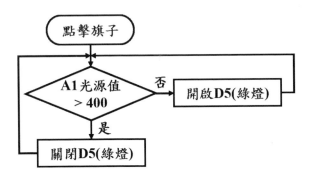

↺ **感測後數值高於標準值就關燈，否則就開燈**

1. 點擊「控制」類別→拖曳

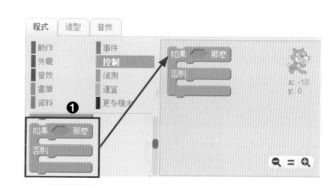

2. 點擊「運算」類別→拖曳

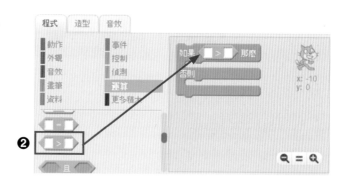

3. 點擊「更多積木」類別→
   拖曳 value of sensor Analog0

4. Analog"0" 改為 "1"

5. 小於後面填入 "400"

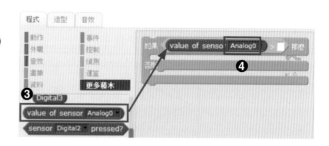

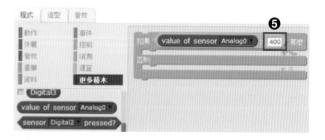

6. 點擊「更多積木」類別→
   拖曳

7. "9" 改為 "5"

8. "255" 改為 "0"

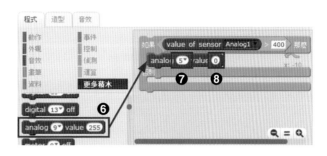

9. 拖曳 analog 9▾ value 255

10. "9" 改為 "5"

analog 5▾ value 255

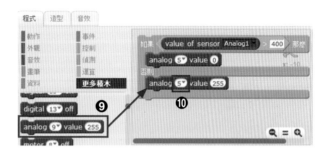

思考時間

問題 為何選擇 analog5？

答案 Sensor Board 上的 RGB LED 旁印有 A5（綠）、A6（紅）、A9（藍），此章節是
利用光感測來控制 LED 開關燈，因此選擇 Analog 5 腳位。

🕐 遊戲啟動

1. 點擊「事件」類別→拖曳

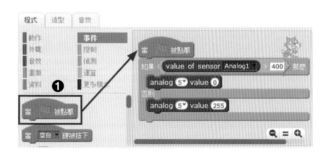

↺ 完成

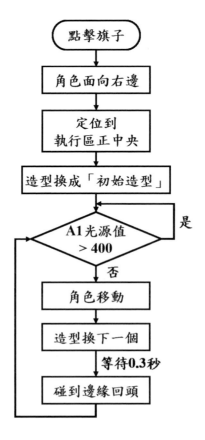

9.4 移動控制

```
      ╭─────────────╮
      │   點擊旗子   │
      ╰─────────────╯
             │
   ┌─────────────────┐
   │   角色面向右邊   │
   └─────────────────┘
             │
   ┌─────────────────┐
   │      定位到      │
   │  執行區正中央    │
   └─────────────────┘
             │
   ┌─────────────────┐
   │ 造型換成「初始造型」│
   └─────────────────┘
             │
        ╱─────────╲          是
      ╱   A1光源值   ╲────────
      ╲    > 400    ╱
        ╲─────────╱
             │否
   ┌─────────────────┐
   │     角色移動     │
   └─────────────────┘
             │
   ┌─────────────────┐
   │   造型換下一個   │
   └─────────────────┘
          等待0.3秒
   ┌─────────────────┐
   │   碰到邊緣回頭   │
   └─────────────────┘
```

↺ **感測後數值低於標準值就移動**

1. 點擊「控制」類別→拖曳

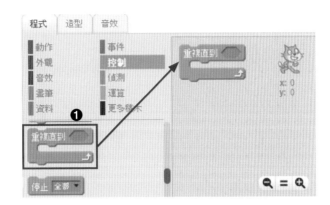

2. 點擊「運算」類別→拖曳

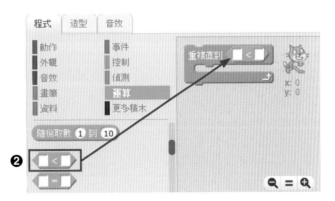

3. 點擊「更多積木」類別→
   拖曳 value of sensor Analog0

4. Analog"0 " 改為 "1"

5. 小於後面填入 "400"

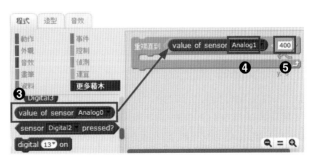

思考時間

問題 為何選擇 Analog0?

答案 Sensor Board 上的滑桿旁印有 A0，因此選擇 Analog 0 腳位。

6. 拖曳 移動 10 點

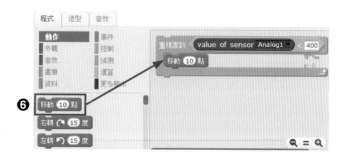

🔁 **移動時，角色造型切換**

1. 點擊「外觀」類別→拖曳

   造型換成下一個

🔑 給予緩衝時間

2. 點擊「控制」類別→拖曳

   等待 1 秒

3. "1" 改為 ".3"

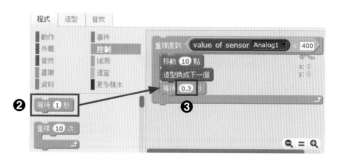

↺ 如果碰到邊緣，讓貓咪自動往回走

1. 點擊「動作」類別→拖曳

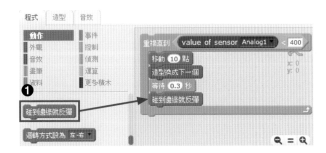

⚘ 重複執行

2. 點擊「控制」類別→拖曳

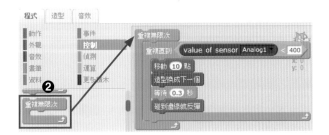

↺ 遊戲啟動，並初始化

1. 點擊「事件」類別→拖曳

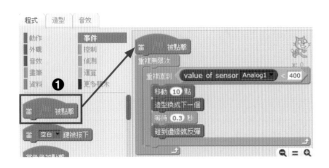

⚘ 定位角色到正中央

2. 點擊「動作」類別→拖曳

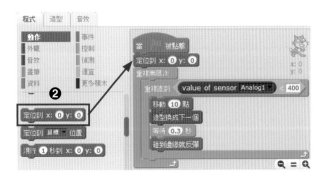

🔧 給予固定方向

3. 點擊「動作」類別→拖曳

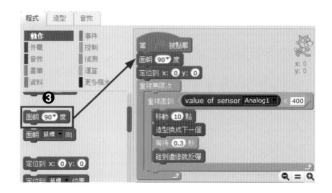

4. 點擊「外觀」類別→拖曳

造型換成 造型2 ▼

5. " 造型 2" 改為 " 造型 1"

造型換成 造型1 ▼

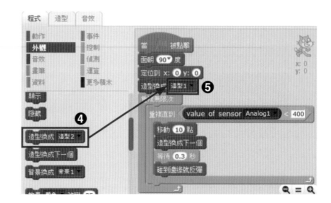

↻ **完成**

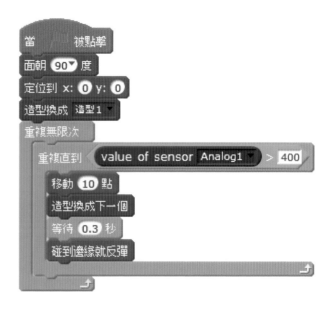

10

大野狼與三隻小豬

本章結合 Scratch 程式和 S4A Sensor Board 的麥克風感測元件、按鈕和滑桿元件應用融入童話故事開發大野狼與三隻小豬互動遊戲案例。

從前，有一隻和藹可親的豬媽媽，她生了三隻小豬。

豬老大：很貪睡，一天到晚都在打瞌睡。

豬老二：非常愛吃，每天都吃不停。

豬小弟：他是兄弟中最勤勞的，經常努力工作、幫忙媽媽。

有一天，豬媽媽說：「你們都長大了，要會自己蓋房自給自足。」

於是～豬老大蓋了一間茅草屋，豬老二蓋了一間小木屋，豬小弟蓋了一間磚瓦屋。

接下來，就讓我們來看看大野狼該如何破門而入吧！

一共三個關卡：

第一關：將稻草屋吹走

第二關：將小木屋燒毀

第三關：將磚瓦屋摧毀

10.1 環境介紹

1. 點擊桌面 Transformer 連結 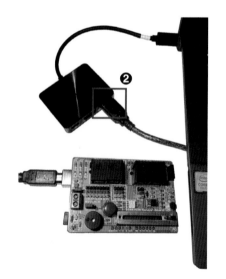，
   打開 Transformer
2. 將 USB 頭插入電腦

3. 點選「確定」← 確認已連接

4. 點選「S4A Plus」

5. 選擇與 Arduino 連接的介面 - USB 序列裝置

6. 勾選「自動燒錄韌體」

7. 開啟「Scratch」檔案

8. 點選「連線」

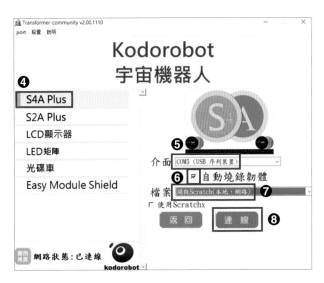

10.2 流程圖

↺ 第一關

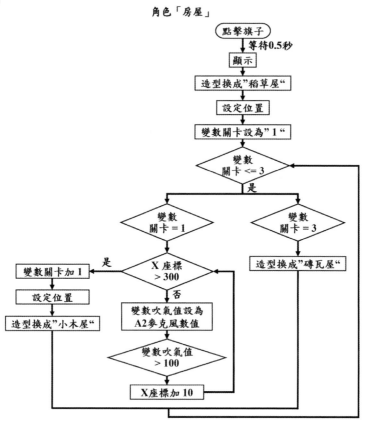

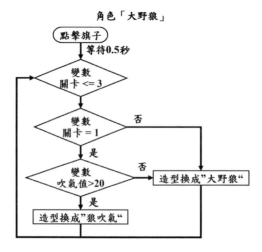

ↄ 第二關

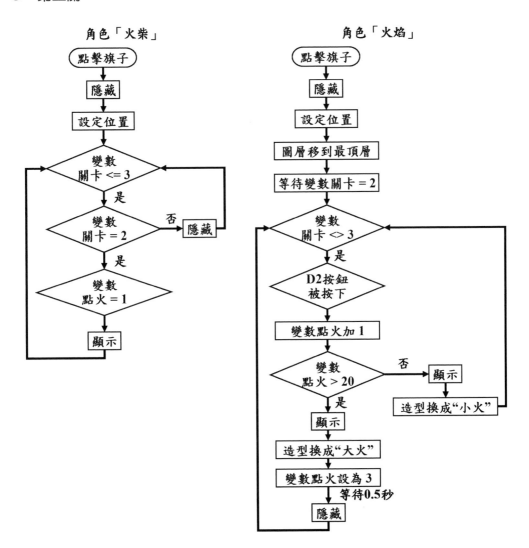

↺　第三關

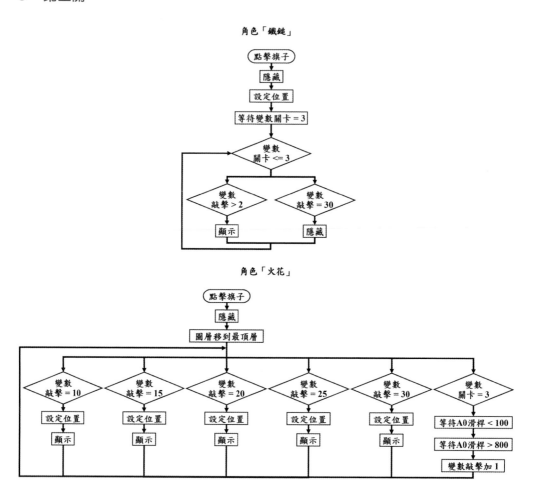

10.3 程式教學

↻ **新建專案，並刪除預設角色**

1. 點擊「 檔案 → 新建專案 」
   建立一個新的專案

2. 點擊「 刪除 」
3. 點擊執行區的兩個角色

↺ 設定背景

1. 點擊舞台區 -「從電腦中挑
   選背景」

2. 打開「素材」的「大野狼與
   三隻小豬」資料夾

3. 點擊「背景 .png」

4. 點擊「開啟」

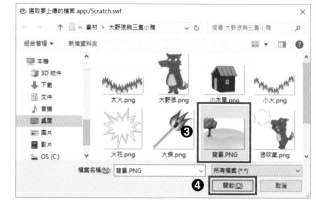

↺ 角色配置

1. 點擊角色區 -「從電腦中挑
   選角色」

2. 打開「素材」的「大野狼與
   三隻小豬」資料夾

3. 點擊「大野狼 .png」

4. 點擊「開啟」

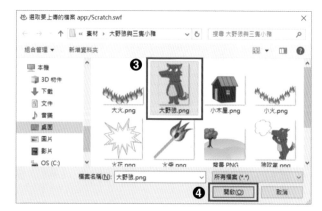

5. 點擊「縮小」按鈕

  調整角色至適當大小

6. 點擊角色

❺ 點擊

點擊角色 ❻

  變更角色位置

7. 滑鼠按住角色移動到左下角

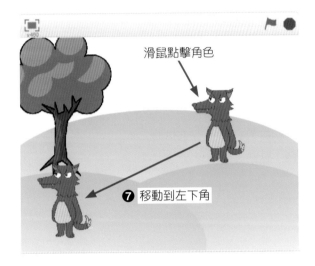

滑鼠點擊角色

❼ 移動到左下角

  變更角色方向

8. 點擊「造型」

9. 點擊右上角「橫向翻轉」

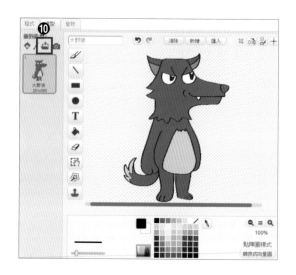

新增造型

10. 點擊「從電腦中挑選角色」

11. 打開「素材」的「大野狼與三隻小豬」資料夾

12. 點擊「狼吹氣.png」

13. 點擊「開啟」

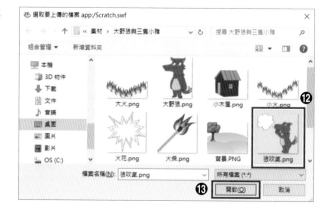

變更角色方向

14. 點擊「造型」

15. 點擊右上角「橫向翻轉」

↻ 房屋配置

1. 點擊「自行繪製新的角色」

✎ 新增造型

2. 點擊「從電腦中挑選角色」

3. 打開「素材」的「大野狼與三隻小豬」資料夾

4. 點擊「稻草屋 .png」、「小木屋 .png」、「磚瓦屋 .png」

5. 點擊「開啟」

✎ Shift + 檔案 => 連續選擇
Ctrl + 檔案 => 點擊單個

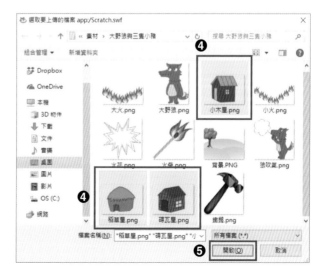

6. 點擊造型區 -「磚瓦屋」

7. 點擊「縮小」按鈕

✐ 調整磚瓦屋至適當大小

8. 點擊磚瓦屋（連續點擊即可縮小）

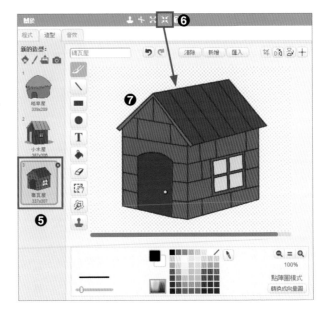

✐ 移動位置

9. 點擊執行區「房屋」

10. 位置移到執行區右邊

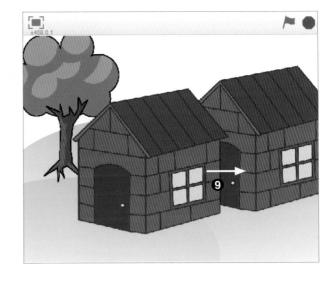

✐ 更改角色名稱

11. 點擊角色區 -「角色 1」

12. 點擊 ⓘ

13. 角色名字改為「房屋」

↻ 新增「吹氣值」變數

1. 點擊「程式」標籤
2. 點擊「資料」類別
3. 點擊「建立一個變數」
4. 變數名稱輸入「吹氣值」
5. 點擊「確定」

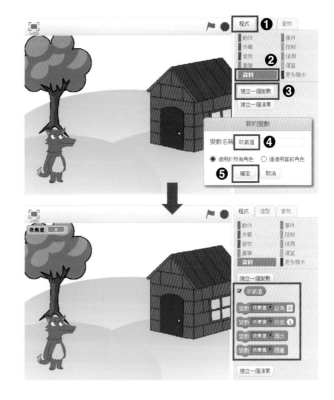

↻ 感測器數值存入變數

1. 點擊「資料」類別→拖曳

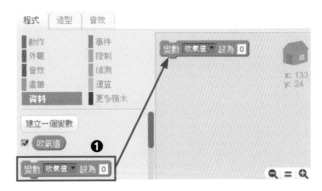

2. 點擊「更多積木」類別→
   拖曳 value of sensor Analog0
3. Analog 0 改為 Analog 2

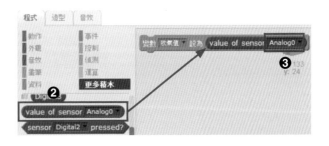

思考時間

問題 1 為什麼要將感測器數值存入變數？

答案 1 因為本章節使用感測器的次數非常多，這方法不僅讓程式清楚明瞭，更可快速除錯。

問題 2 為何選擇 Digital 2?

答案 2 Sensor Board 上的按鈕旁印有 D2，因此選擇 Digital 2 腳位。

↻ 稻草屋移動

1. 點擊「控制」類別→拖曳

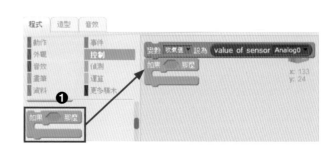

2. 點擊「運算」類別→拖曳

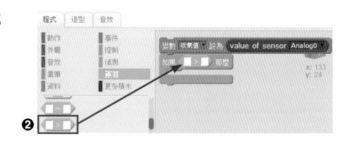

3. 點擊「資料」類別→拖曳

吹氣值

4. 大於後面填入 "100"

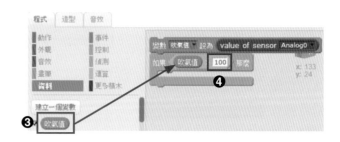

5. 點擊「動作」類別→拖曳

x 改變 (10)

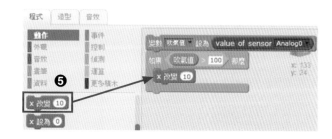

思考時間

問題1 稻草屋為什麼會動？

答案1 因為我們對著麥克風感測器吹氣才使得稻草屋移動。因此，要先判斷吹氣值是否數值，在一般的環境下通常會有一些聲音存在，所以吹氣值設定在大於 100 才移動。

問題2 稻草屋要往哪個方向移動？

答案2 往右移動，因為大野狼在執行區的左邊位置吹氣，因此稻草屋應該往執行區的右邊移動。

問題3 為什麼往右移動是「 x 改變 (10) 」？為什麼不是 y?

答案3 橫向代表 x；直向代表 y，箭頭指的方向皆為正（如下圖），橫向往右（如下圖紅色箭頭）。

問題4 如果是往左移動呢？

答案4 x 改變 (-10)

問題5 為什麼是用「 x 改變 (10) 」而不是「 x 設為 (10) 」？

答案6 改變，改變變數內容，像是增加或減少變數的值；設為，設定變數內容，像是給變數一個值。

以數學算式來說⋯
x 改變 (10) → x + 10
x 設為 (10) → x = 10

↻ 稻草屋消失

- 大野狼將稻草屋吹出執行區外時，稻草屋就消失。

1. 點擊「控制」類別→拖曳

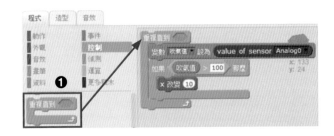

2. 點擊「運算」類別→拖曳

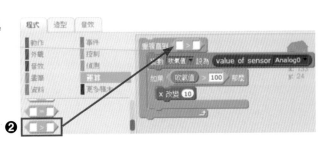

3. 點擊「動作」類別→拖曳

4. 大於後面填入 "300"

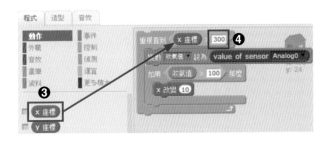

思考時間

問題 為什麼  後面要輸入「300」，而不是其他數值呢？

答案 你點擊「房屋」角色慢慢拖曳到執行區右邊，等到房屋快被全部不見時，點擊角色區的「房屋」角色，按滑鼠右鍵，點擊「info」，你就可以看到目前角色的 xy 位置，數值就是以此而訂的，因此數值不一定是 300，可依個人想法設定。

↻ 新增「關卡」變數

1. 點擊「程式」
2. 點擊「資料」類別
3. 點擊「建立一個變數」
4. 變數名稱輸入「關卡」
5. 點擊「確定」

✐ 利用「關卡」變數來控制所需執行的程式

↻ 切換第二關模式

1. 點擊「資料」類別→拖曳

變數 關卡 ▾ 改變 ①

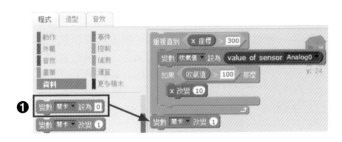

⚲ 位置恢復原位

2. 點擊「動作」類別→拖曳

定位到 x: ③15 y: ②4

3. x 改為 "133"

定位到 x: ①33 y: ②4

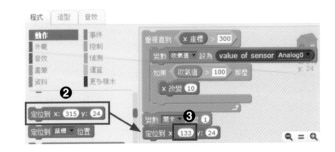

⚲ 造型換成第二關模式

4. 點擊「外觀」類別→拖曳

造型換成 磚瓦屋 ▾

5. " 磚瓦屋 " 改為 " 小木屋 "

造型換成 小木屋 ▾

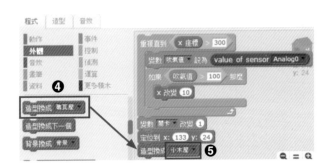

↻ 遊戲開始，並恢復初始化

- 房屋恢復原位，造型恢復成第一關模式 - 稻草屋。

1. 點擊「事件」類別→拖曳

☜ 點擊旗子代表遊戲開始

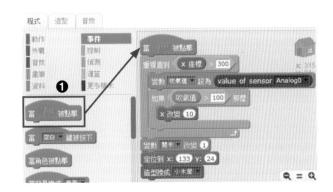

2. 點擊「控制」類別→拖曳

等待 1 秒

3. "1" 改為 "0.5"

等待 0.5 秒

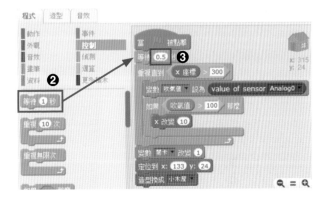

4. 點擊「外觀」類別→拖曳

 顯示

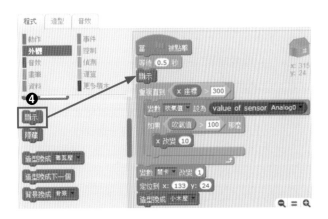

5. 拖曳

造型換成 磚瓦屋 ▼

6. "磚瓦屋" 改為 "稻草屋"

造型換成 稻草屋 ▼

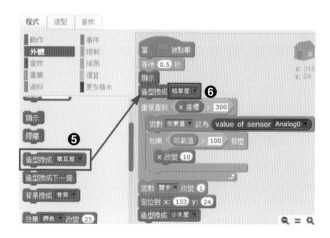

7. 點擊「動作」類別→拖曳

定位到 x: 315 y: 24

8. x 改成 "133"

定位到 x: 133 y: 24

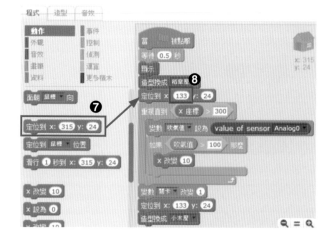

⚡ 請你點擊旗子看看會有什麼反應？

| **思考時間** |

問題 目前房屋的程式已做好第一關，但…怎麼銜接第二關或第三關的模式呢？

小小提示 完成了第一關的房屋程式，所以我們要做一個動作，就是跟程式說目前做好的程式只能在第一關執行。

那 ... 第二關或第三關又該如何做呢？（答案在下一小節）

↺ 告知程式只能在第一關執行

1. 點擊「控制」類別→拖曳

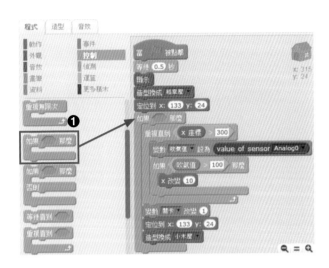

2. 點擊「運算」類別→拖曳

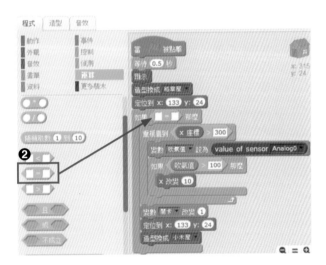

3. 點擊「資料」類別→拖曳

4. 等於後面填入 "1"

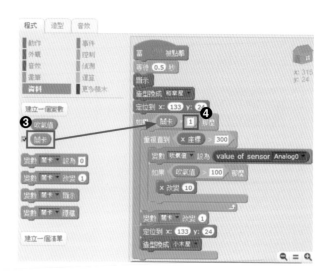

🔧 請執行看看，遊戲有何反應。你會發現到「關卡」變數一直都為 "0"，因為沒有告訴「關卡」變數，"1" 代表第一關開始。

↻ 告知程式第一關開始

1. 點擊「資料」類別→拖曳

變數 關卡 ▼ 設為 0

2. "0" 改為 "1"

變數 關卡 ▼ 設為 1

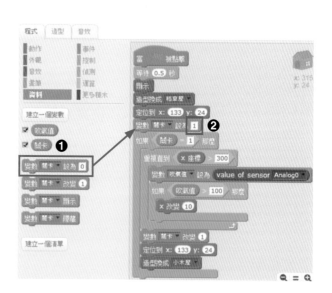

🔧 目前房屋的程式已經可以從稻草屋切換成小木屋，再來在第三關要切換成磚瓦屋。

⟳ 在第三關房屋換成 " 磚瓦屋 "

1. 點擊「控制」類別→拖曳

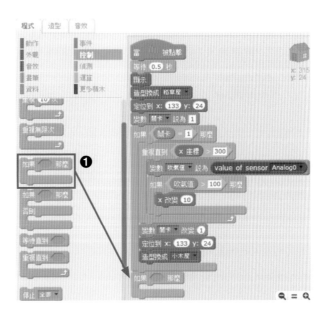

2. 點擊「運算」類別→拖曳

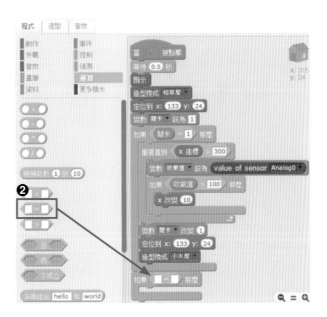

3. 點擊「資料」類別→拖曳

4. 等於後面填入 "3"

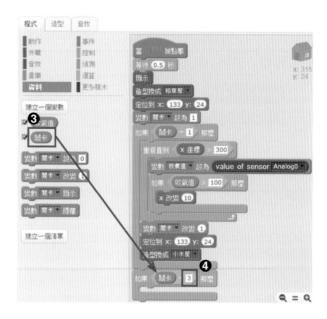

5. 點擊「外觀」類別→拖曳

造型換成 磚瓦屋 ▼

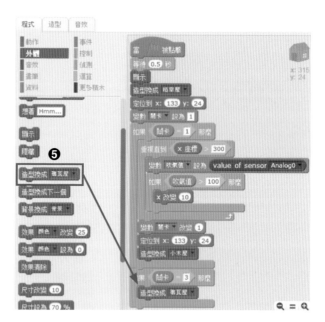

↻ 三關結束房屋程式停止執行

1. 點擊「控制」類別→拖曳

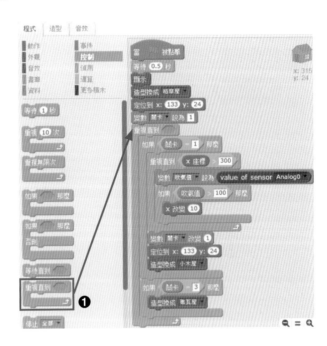

2. 點擊「運算」類別→拖曳

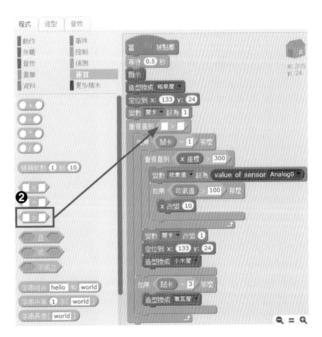

3. 點擊「資料」類別→拖曳

4. 等於後面填入 "3"

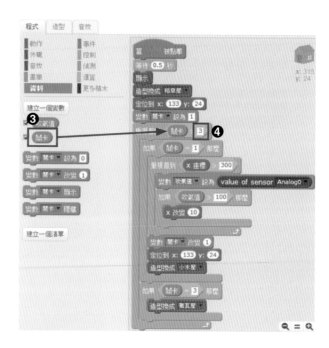

↻ 「房屋」完整程式

下一頁接續角色「大野狼」程式

⟲ 第一關維持大野狼造型

1. 點擊角色區 -「大野狼」

2. 點擊「控制」類別→拖曳

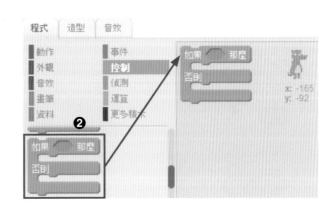

思考時間

問題 為什麼要用 ，而不是用 就好？

答案 用 也是可行的，但…後面還會再加上吹氣值的判斷，因此用

 是比較好的。

---

3. 點擊「運算」類別→拖曳

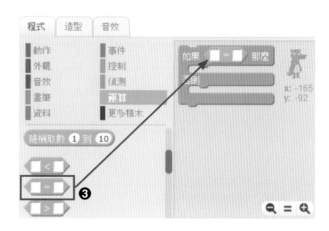

4. 點擊「資料」類別→拖曳

5. 等於後面填入 "1"

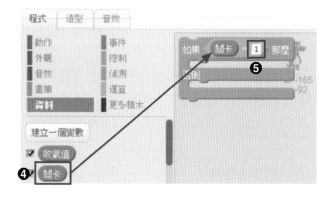

6. 點擊「外觀」類別→拖曳

造型換成 狼吹氣 ▾

7. "狼吹氣" 改為 "大野狼"

造型換成 大野狼 ▾

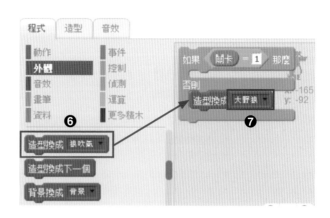

↻ 大野狼吹氣時變換造型：當大野狼吹氣時（給一個標準值 **"20"**），就換成狼
吹氣的造型，否則就維持原造型（大野狼）。

1. 點擊「控制」類別→拖曳

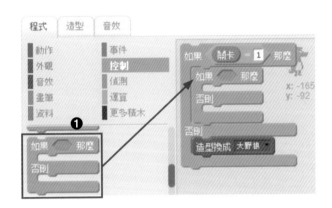

2. 點擊「運算」類別→拖曳

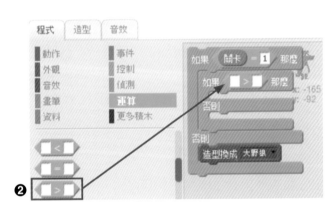

3. 點擊「資料」類別→拖曳

吹氣值

4. 大於後面填入 "20"

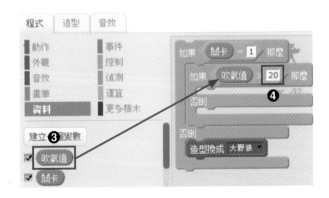

5. 點擊「外觀」類別→拖曳

造型換成 狼吹氣 ▼

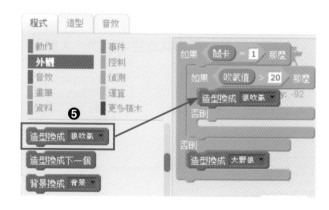

6. 拖曳 造型換成 狼吹氣 ▼

7. " 狼吹氣 " 改為 " 大野狼 "

造型換成 大野狼 ▼

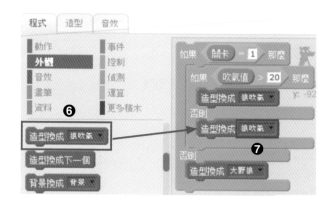

↻ **在三關卡結束前重複執行**

1. 點擊「控制」類別→拖曳

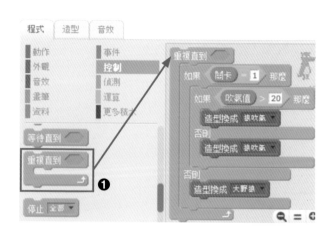

2.　點擊「運算」類別→拖曳

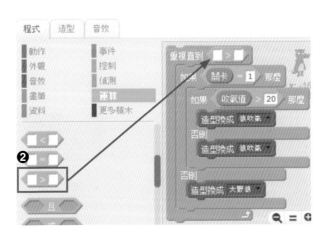

3.　點擊「資料」類別→拖曳

4.　大於後面填入 "3"

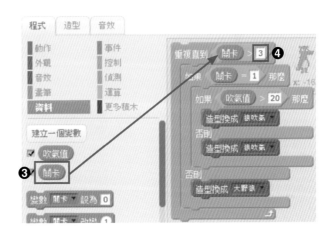

↺　遊戲開始增加緩衝時間

1.　點擊「事件」類別→拖曳

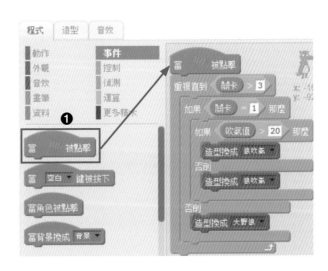

2. 點擊「控制」類別→拖曳

3. "1" 改為 "0.5"

   等待 0.5 秒

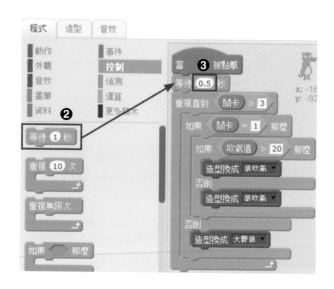

↺ 「大野狼」完整程式

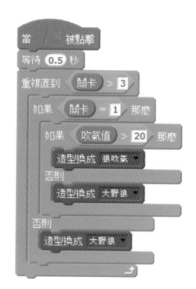

↺ 新增角色 -「火柴」

1. 點擊角色區 -「從電腦中挑選角色」

2. 打開「素材」的「大野狼與三隻小豬」資料夾

3. 點擊「火柴 .png」

4. 點擊「開啟」

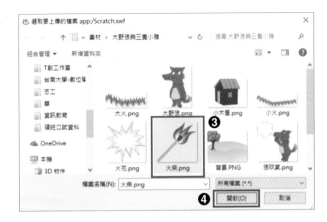

5. 點擊「縮小」按鈕

✎ 調整角色至適當大小

6. 點擊角色

7. 放置於大野狼前面（大略即可）

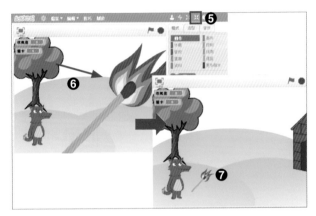

↻ **新增變數 -「點火」**

1. 點擊「資料」類別→
   點擊「建立一個變數」

2. 變數名稱輸入「點火」

3. 點擊「確定」

✎ 利用「點火」變數來控制火柴的出現

↻ 遊戲開始「隱藏」並固定位置

1. 點擊「事件」類別→拖曳

   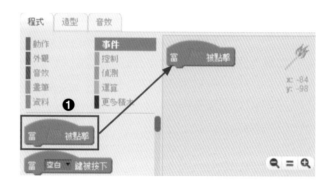

2. 點擊「外觀」類別→拖曳

   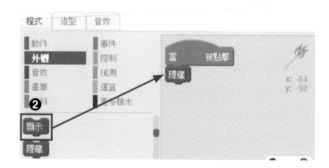

3. 點擊「動作」類別→拖曳

   定位到 x: -84 y: -98

   ✎ xy 值不用更改

   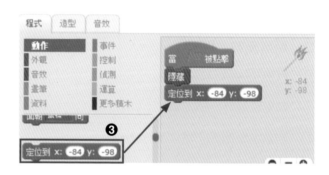

思考時間

問題 為什麼 xy 值不用更改？

答案 在新增火柴角色時，步驟 3 將火柴放置於大野狼前，xy 值會依據使用者擺放的位置不同而定，因此不用特地將 xy 值改成與範例相同。

⟳ 在關卡 2 時，如果「點火」值為 1 就顯示「火柴」角色，否則「隱藏」

1. 點擊「控制」類別→拖曳

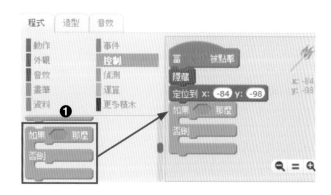

2. 點擊「運算」類別→拖曳

3. 點擊「資料」類別→拖曳

4. 等於後面填入 "2"

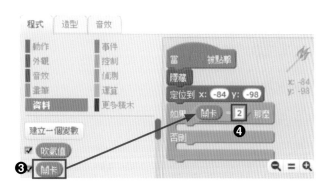

5.　點擊「控制」類別→拖曳

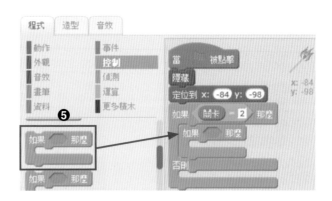

6.　點擊「運算」類別→拖曳

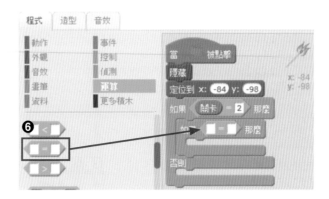

7.　點擊「資料」類別→拖曳

8.　等於後面填入 "1"

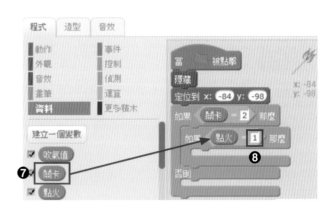

9. 點擊「外觀」類別→拖曳

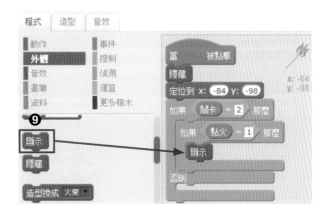

10. 點擊「外觀」類別→拖曳

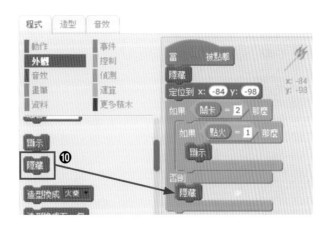

↻ **在三關卡結束前重複執行**

1. 點擊「控制」類別→拖曳

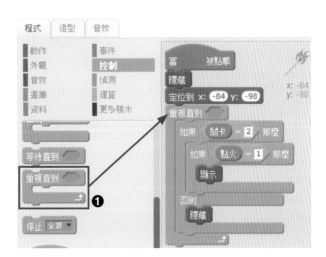

2. 點擊「運算」類別→拖曳

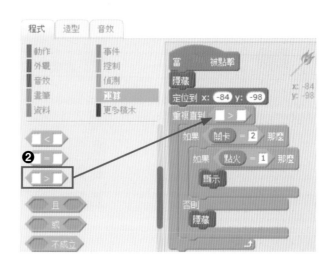

3. 點擊「資料」類別→拖曳

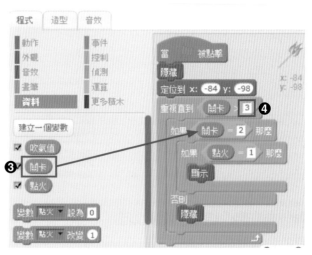

4. 大於後面填入 "3"

↺ 「火柴」完整程式

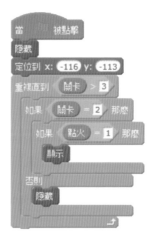

接續角色「火焰（大小火）」程式

↻ 新增角色 - 「小火」

1. 點擊角色區 -「從電腦中挑選角色」

2. 打開「素材」的「大野狼與三隻小豬」資料夾

3. 點擊「小火 .png」

4. 點擊「開啟」

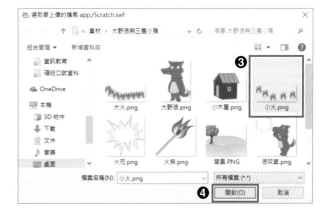

5. 點擊「縮小」按鈕

🔑 調整角色適當大小

6. 點擊角色

7. 放置於房屋下邊緣

🔑 請將房屋移置執行區初始位置，並將造型改成小木屋再比對會比較準確

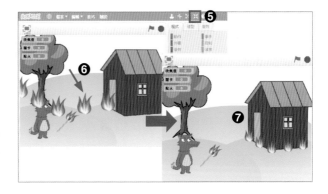

↺ 新增造型 -「大火」

1. 點擊造型區 -「從電腦中挑選角色」

2. 打開「素材」的「大野狼與三隻小豬」資料夾

3. 點擊「大火 .png」

4. 點擊「開啟」

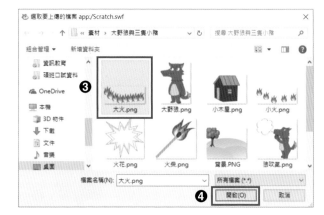

↺ 遊戲開始「隱藏」並固定位置

1. 點擊「程式」標籤

2. 點擊「事件」類別→拖曳

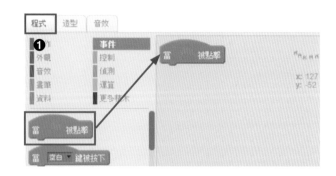

3. 點擊「外觀」類別→拖曳

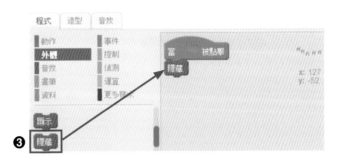

4. 點擊「動作」類別→拖曳

🖎 xy 值不用更改

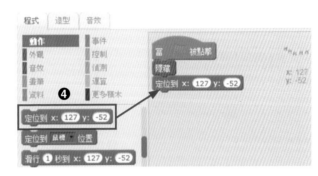

5. 點擊「外觀」類別→拖曳

圖層上移至頂層

🖎 避免火柴被其他圖覆蓋住

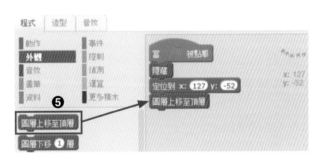

🕙 按鈕感測器按下，「點火」變數增值

1. 點擊「控制」類別→拖曳

2. 點擊「更多積木」類別→
   拖曳 `sensor Digital2 pressed?`

3. 點擊「資料」類別→拖曳
   `變數 點火 改變 1`

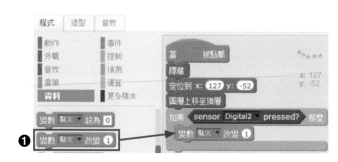

↺ 如果「點火」變數達標準
   值顯示大火,否則顯示小
   火

1. 點擊「控制」類別→拖曳

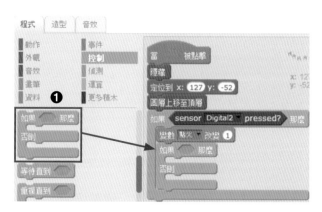

2. 點擊「運算」類別→拖曳

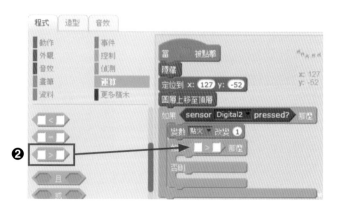

3. 點擊「資料」類別→拖曳

4. 大於後面填入 "20"

   點火 > 20

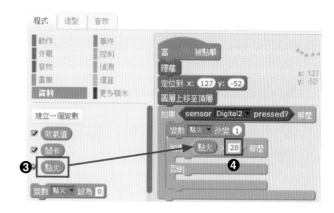

5. 點擊「外觀」類別→拖曳

   顯示

6. 拖曳 造型換成 大火

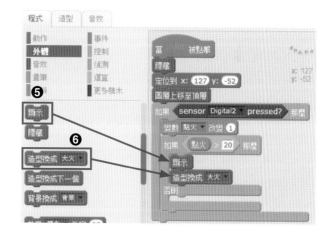

7. 拖曳 顯示

8. 拖曳 造型換成 大火

9. " 大火 " 改為 " 小火 "

   造型換成 小火

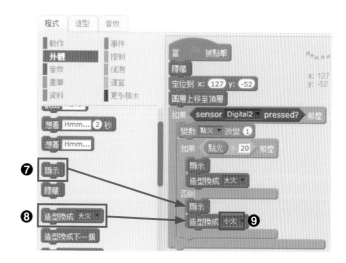

↺ 變大火時,「關卡」變數改為第三關

1. 點擊「資料」類別→拖曳

變數 點火 ▼ 設為 0

2. "0" 改為 "3"

變數 點火 ▼ 設為 3

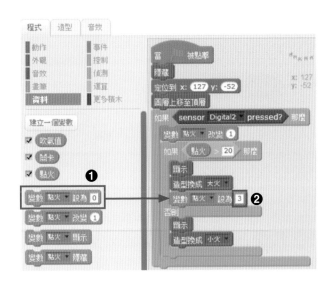

↺ 等待 **"0.1"** 秒後,大火再消失

1. 點擊「控制」類別→拖曳

等待 1 秒

2. "1" 改為 "0.1"

等待 0.1 秒

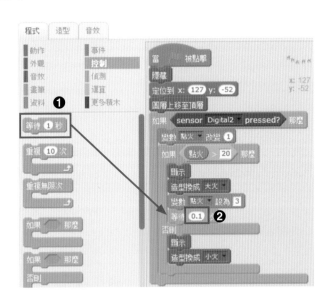

3. 點擊「外觀」類別→拖曳

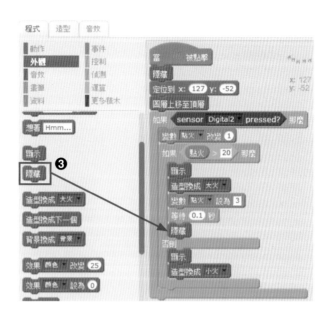

↺ 在第三關前一直執行

1. 點擊「控制」類別→拖曳

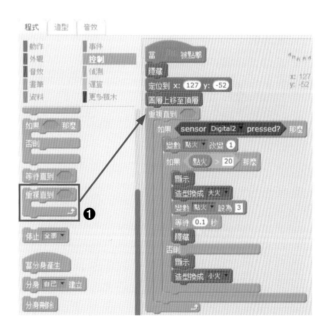

2.　點擊「運算」類別→拖曳

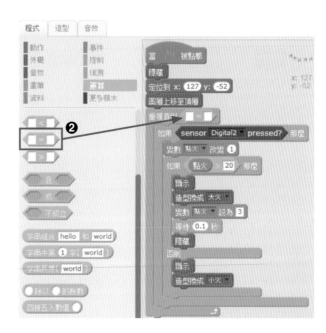

3.　點擊「資料」類別→拖曳

4.　等於後面填入 "3"

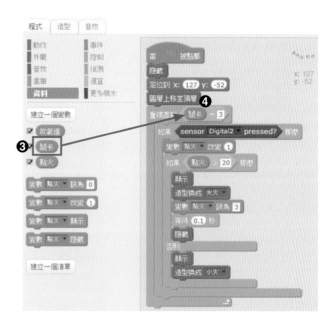

↻ 等待關卡 2 才執行

1. 點擊「控制」類別→拖曳

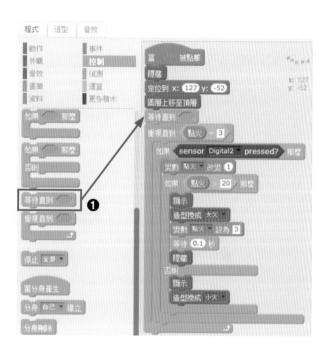

2. 點擊「運算」類別→拖曳

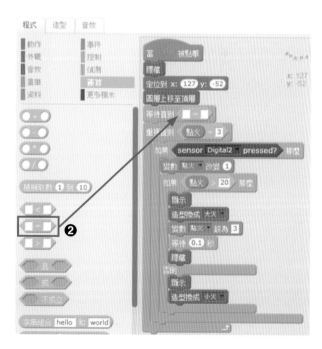

3. 點擊「資料」類別→拖曳

4. 等於後面填入 "2"

關卡 = 2

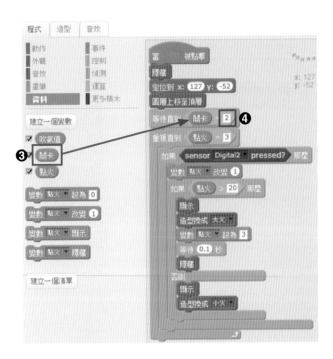

↺ 「火焰（大小火）」完整程式

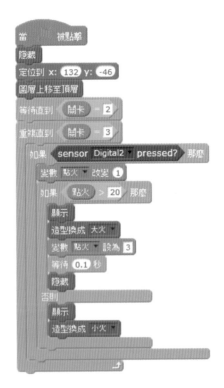

下一頁接續角色「鐵鎚」程式

↺ 新增角色 -「鐵鎚」

1. 點擊角色區 -「從電腦中挑選角色」

2. 打開「素材」的「大野狼與三隻小豬」資料夾

3. 點擊「鐵鎚 .png」

4. 點擊「開啟」

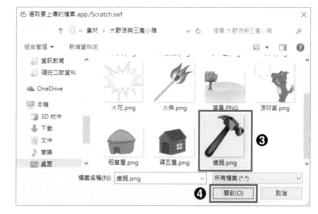

5. 點擊「縮小」按鈕

✎ 調整角色適當大小

6. 點擊角色

7. 放置於大野狼前面（與火柴大約位置即可）

✎ 圖層重疊不影響

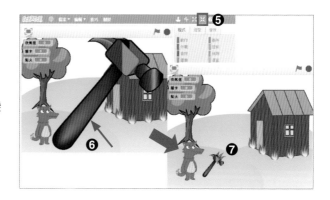

↺ 新增變數 -「敲擊」

1. 點擊「資料」類別

2. 點擊「建立一個變數」

3. 變數名稱輸入「敲擊」

4. 點擊「確定」

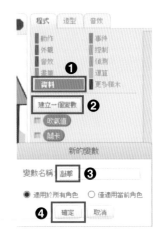

🔑 利用「敲擊」變數來控制鐵鎚的出現

↺ 遊戲開始「隱藏」並固定位置

1. 點擊「事件」類別→拖曳

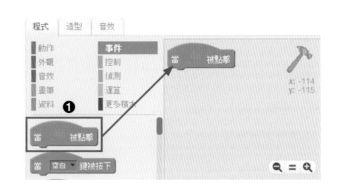

2. 點擊「外觀」類別→拖曳

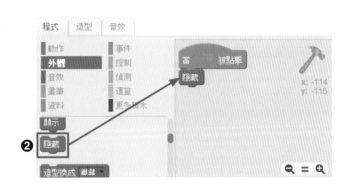

3. 點擊「動作」類別→拖曳

🔑 xy 值不用更改

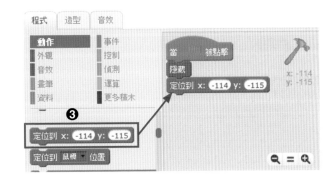

🕐 如果「敲擊」變數達標準值就顯示鐵鎚

1. 點擊「控制」類別→拖曳

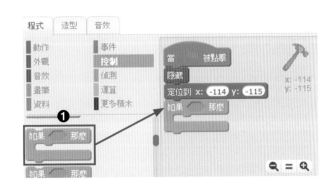

2. 點擊「運算」類別→拖曳

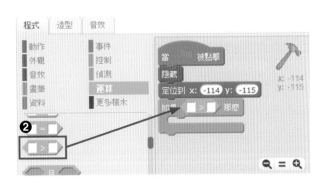

3. 點擊「資料」類別→拖曳

4. 大於後面填入 "2"

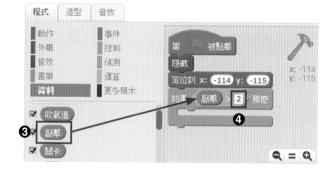

5. 點擊「外觀」類別→拖曳

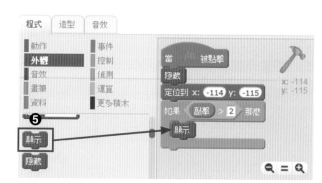

↻ 如果「敲擊」變數等於 **"30"** 就隱藏鐵鎚

1. 點擊「控制」類別→拖曳

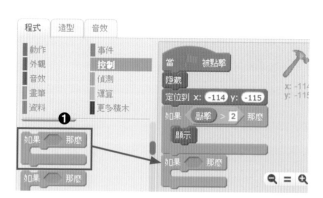

2. 點擊「運算」類別→拖曳

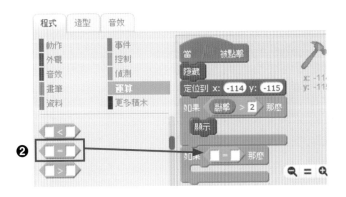

3. 點擊「資料」類別→拖曳

4. 等於後面填入 "30"

敲擊 = 30

✎ 敲擊 ="30"，代表敲了 30 下完成第三關

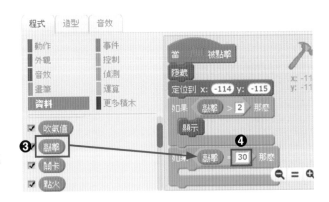

5. 點擊「外觀」類別→拖曳

隱藏

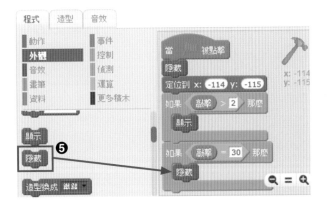

↻ 在三關卡結束前重複執行

1. 點擊「控制」類別→拖曳

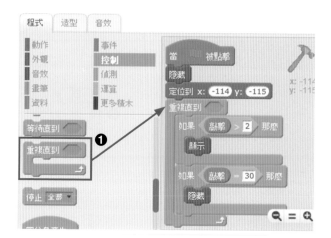

2. 點擊「運算」類別→拖曳

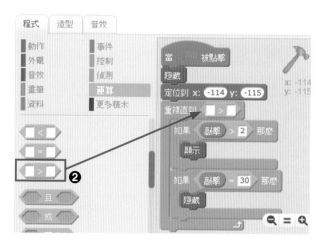

3. 點擊「資料」類別→拖曳

4. 大於後面填入 "3"

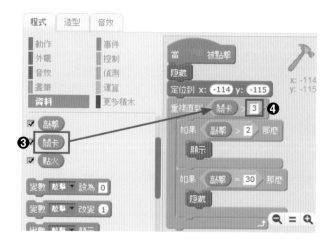

↺ 等待關卡 3 才執行

1. 點擊「控制」類別→拖曳

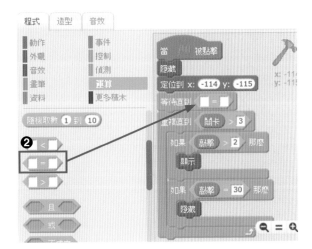

2. 點擊「運算」類別→拖曳

3. 點擊「資料」類別→拖曳

關卡

4. 等於後面填入 "3"

關卡 = 3

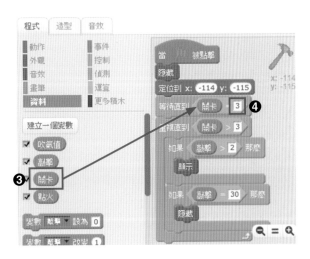

↺ 「鐵鎚」完整程式

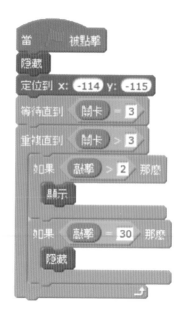

↺ 新增角色 - 「火花」

1. 點擊角色區 - 「從電腦中挑選角色」

2. 打開「素材」的「大野狼與三隻小豬」資料夾

3. 點擊「火花 .png」

4. 點擊「開啟」

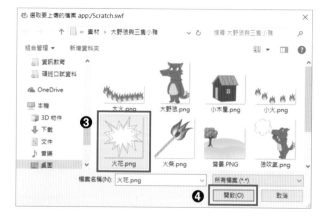

5. 點擊「縮小」按鈕

✎ 調整角色適當大小

6. 點擊角色

7. 放置於房屋上

✎ 位置隨意即可

✎ 將房屋造型換成磚瓦屋，放置的位置會更精準，如果覺得火擋住的話，角色區→小火→ ⓘ →顯示打勾

↻ 遊戲開始「隱藏」並固定位置

1. 點擊「事件」類別→拖曳

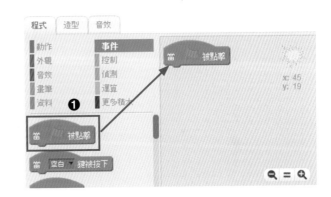

2. 點擊「外觀」類別→拖曳

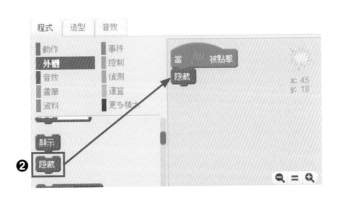

3. 拖曳

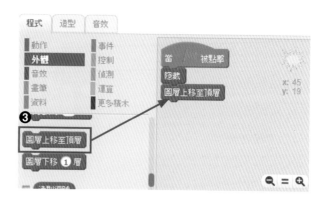

↻ 判斷滑桿感測器數值，如達標準值就增加「敲擊」變數

1. 點擊「控制」類別→拖曳

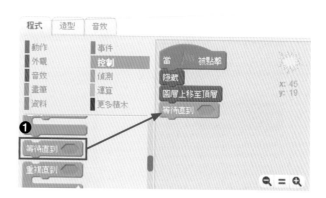

2. 點擊「運算」類別→拖曳

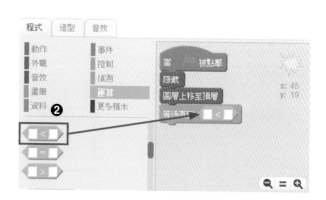

3. 點擊「更多積木」→拖曳

4. 小於後面填入 "100"

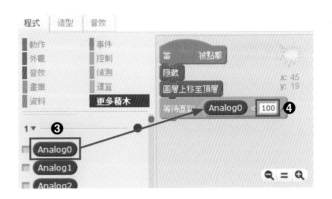

思考時間

問題 為何選擇 Analog0?

答案 遊戲是利用滑桿感測器控制鐵槌敲擊，而 Sensor Board 上的滑桿旁印有 A0，
因此選擇 Analog 0 腳位。

5. 點擊「控制」類別→拖曳

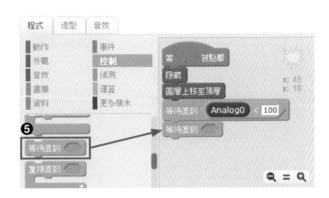

6. 點擊「運算」類別→拖曳

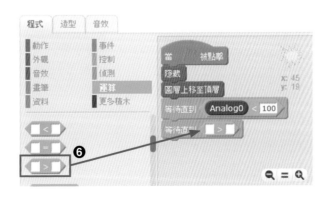

7. 點擊「更多積木」→拖曳

8. 大於後面填入 "800"

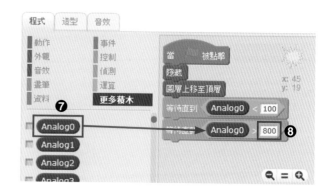

9. 點擊「資料」類別→拖曳

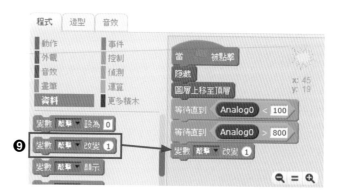

↻ 如果是第三關就一直重複執行

1. 點擊「控制」類別→拖曳

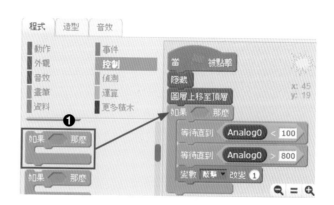

2. 點擊「運算」類別→拖曳

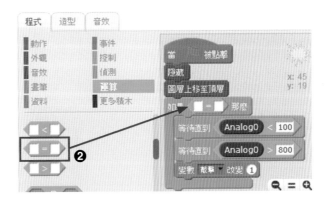

3. 點擊「資料」類別→拖曳

4. 等於後面填入 "3"

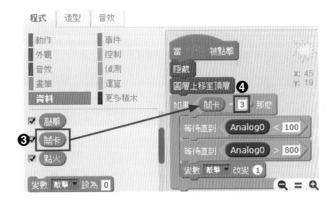

5. 點擊「控制」類別→拖曳

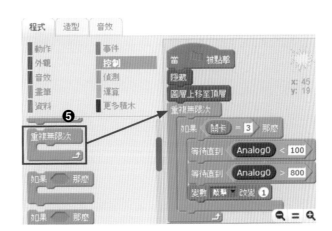

↺ **當敲擊值不同時，火花位置也不同**

1. 點擊「控制」類別→拖曳

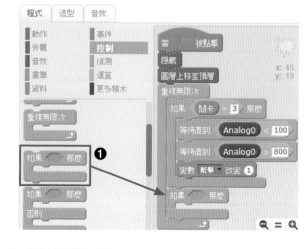

2. 點擊「運算」類別→拖曳

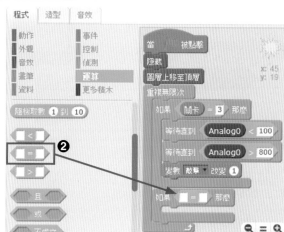

3. 點擊「資料」類別→拖曳

4. 等於後面填入 "10"

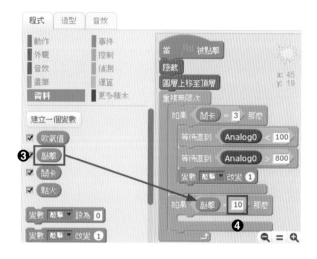

5. 點擊「動作」類別→拖曳

🖎 依照目前放置的位置即可

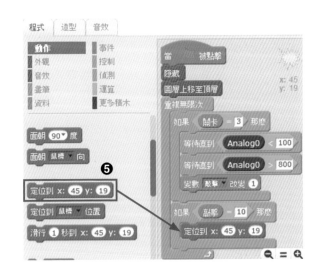

6. 點擊「外觀」類別→拖曳

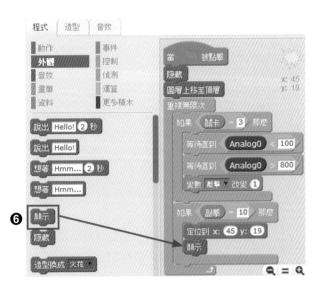

小知識 1. 點擊「執行區」-「火花」角色
2. 拖曳到下一個出現的位置
3. 點擊「動作」類別會根據位置不同
   而改變
因此火花的 "xy" 會依據使用者放置位
置而不同，火花位置可參考右方表格

敲擊	定位	
	X	y
15	95	69
20	171	27
25	153	-49
30	69	-67

小撇步 火花的設置動作都大同小異,因此可以利用「複製」按鈕來協助操作。

1. 點擊「複製」按鈕,游標會變成印章圖示
2. 將印章移到要複製的程式積木,點擊一下,即可複製

↺ 「火花」完整程式

思考時間

想想看，「火花」完整程式 " 紅框 " 部分，相同的程式積木重複那麼多次，有沒有什麼辦法可以將程式積木變得更簡潔一點呢？

課程回顧

第一關 - 利用麥克風感測器讓大野狼切換吹氣造型，並吹走稻草屋
第二關 - 利用按鈕感測器判斷火焰大小，讓大野狼將小木屋燒毀
第三關 - 利用滑桿感測器判斷火花位置，讓大野狼摧毀磚瓦屋
S4A Sensor Board 所提供的感測器並不只這三個，請想想看感測器和遊戲之間可以怎麼結合呢？

MEMO

阿里巴巴與 40 大盜

本章結合 Scratch 程式和 S4A Sensor Board 的光感測元件、按鈕和滑桿元件應用融入童話故事開發阿里巴巴與 40 大盜互動遊戲案例。

阿里巴巴是一個樵夫，家境貧寒。某一天，到森林裡砍柴，發現了強盜的藏寶巢穴。

接下來，就讓我們來看看阿里巴巴如何機智的取得寶藏吧！

一共兩個關卡

第一關：記憶密碼，有一組四個數字組成的密碼，記憶時間為 1 秒。

第二關：吃金幣，阿里巴巴要想辦法吃到足夠的金幣才可過關，但…要小心會有石頭砸下來。

11.1 環境介紹

1. 點擊桌面 Transformer 連結 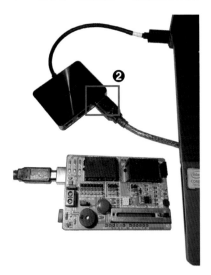，打開 Transformer
2. 將 USB 頭插入電腦
3. 點選「確定」← 確認已連接

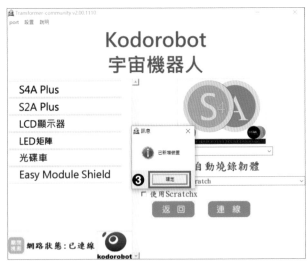

4. 點選「S4A Plus」

5. 選擇與 Arduino 連接的介面 - USB 序列裝置

6. 勾選「自動燒錄韌體」

7. 開啟「Scratch」檔案

8. 點選「連線」

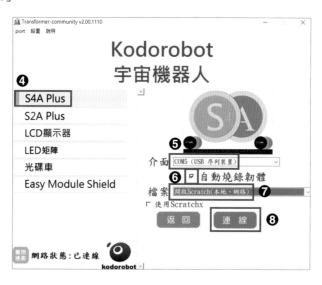

11.2 流程圖

第一關

- 第一部分

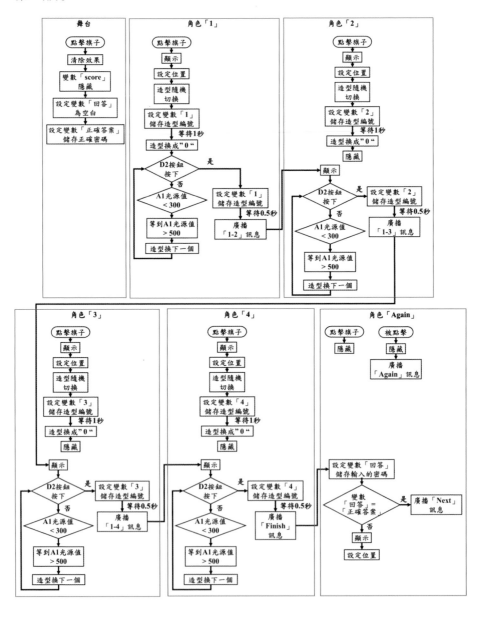

- 第二部分

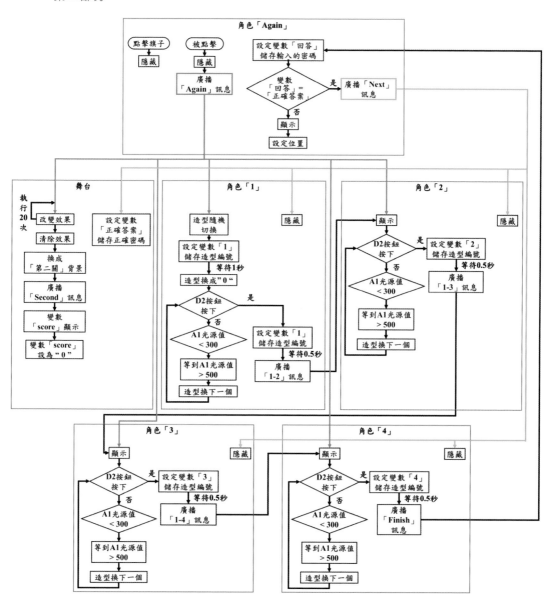

↻ 第二關

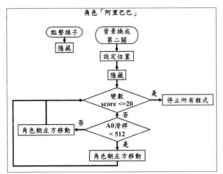

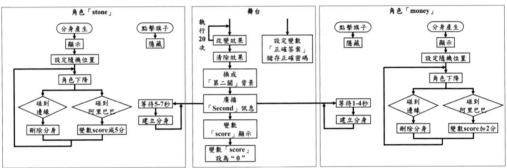

11.3 程式教學

↻ 新建專案

1. 點擊「檔案 → 新建專案」建立一個
   新的專案

2. 點擊「刪除」

3. 點擊執行區的兩個角色

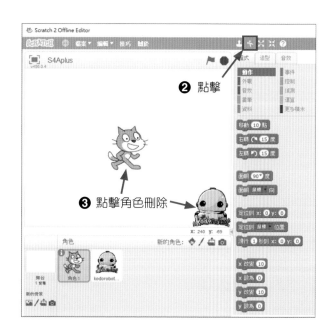

❷ 點擊

❸ 點擊角色刪除

⟳ 設定背景

1. 點擊舞台區 -「從範例庫中
   挑選背景」

2. 點選「castle 1」

3. 點擊「確定」

4. 刪除「背景 1」

5. "castle 1" 改為 " 第一關 "

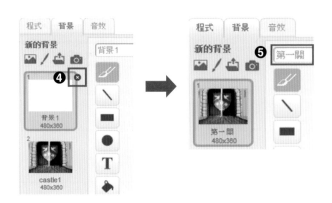

6. 點擊「從範例庫中挑選背景」

7. 點擊「castle2」

8. 點擊「確定」

9. "castle 2" 改為 " 第二關 "

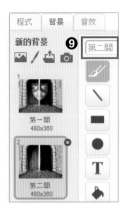

10. 點擊「轉換成向量圖」

✎ 轉換背景模式

11. 點擊「匯入」

✎ 匯入兩個「寶箱」素材

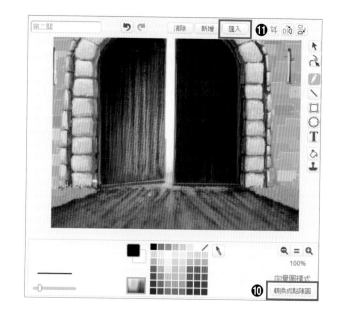

12. 打開「素材」的「阿里巴巴與 40 大盜」資料夾

13. 點擊「寶箱 .png」

14. 點擊「開啟」

15. 點擊「寶箱」

16. 縮小成適當大小，放置於左右下角

✎ 出現四個點即可放大縮小

↺ 「數字」角色配置

1. 點擊角色區 -「從範例庫中挑選角色」

2. 點擊「字」類別

3. 點擊「0-Glow」

4. 點擊「確定」

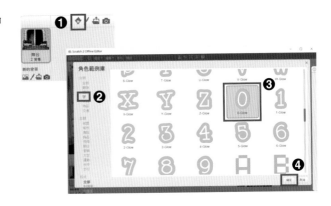

5. 點擊「造型」

6. 點擊「在範例庫中挑選造型」

7. 點擊「字」類別

8. 點擊「1-Glow」~「9-Glow」

9. 點擊「確定」

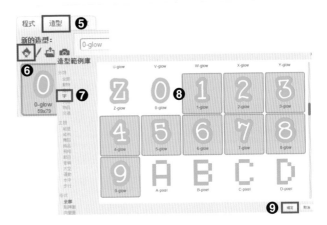

小撇步　如何在範例庫中一次選擇多個素材呢？
重複點選時，按住鍵盤上的「shift」，即可選擇多個素材。

✎ 更改角色名稱

10. 點擊角色區 -「0-Glow」

11. 點擊 ⓘ

12. 角色名稱改為 "1"

✎ 點擊「藍底白色箭頭」即可回到角色區畫面

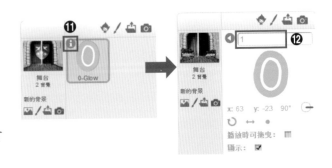

✎ 新增 3 個數字角色

13. 點擊角色區 -「1」角色

14. 點擊滑鼠「右鍵」

15. 點擊「複製」（複製 3 次）

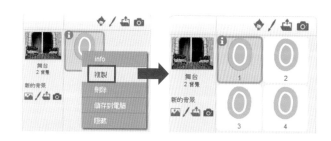

✎ 將執行區 -「1」、「2」、「3」、「4」角色放好位置

16. 分別點擊執行區 -「1」、「2」、「3」、「4」角色

17. 擺放位置由左至右為

    1 → 2 → 3 → 4

小叮嚀：要注意擺放的位置不可以錯誤喔！

小撇步　如果背景畫面是在第二關的話，可以點擊「舞台」→點擊「造型」→點擊「第一關」，切換成第一關畫面來擺放位置會比較準確。

↻ 「Again 按鈕」角色配置

1. 點擊角色區 -「從範例庫中挑選角色」

2. 點擊「Button2」

3. 點擊「確定」

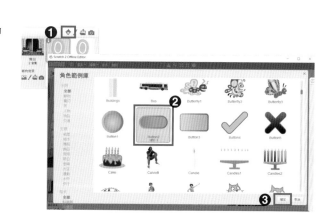

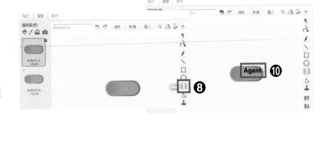

✎ 更改角色名稱

4. 點擊角色區 -「Button 2」

5. 點擊 ℹ️

6. 角色名稱改為 "Again"

✎ 點擊「藍底白色箭頭」即可
回到角色區畫面

✎ 新增文字

7. 點擊「造型」

8. 點擊「T」

9. 游標移到按鈕圖示中間點擊
　　一次

10. 輸入「Again」

11. 點擊「箭頭」

12. 拖曳「Again」文字至按鈕
　　大約位置

✎ 微調位置

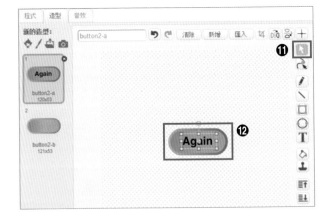

13. 點擊執行區 -「Again」角色

14. 拖曳到中下位置

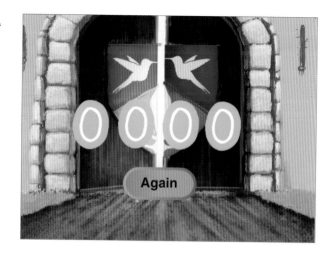

↺ 「阿里巴巴」角色配置

1. 點擊角色區 -「從電腦中挑選角色」

2. 打開「素材」的「阿里巴巴與40大盜」資料夾

3. 點擊「阿里巴巴 .png」

4. 點擊「開啟」

5. 點擊「縮小」按鈕

✎ 調整角色至適當大小

6. 點擊執行區 -「阿里巴巴」
   角色（連續點擊即可縮小）

7. 點擊執行區 -「阿里巴巴」
   角色

8. 拖曳到左下角

🔄 「money」角色配置

1. 點擊角色區 -「從電腦中挑
   選角色」

2. 打開「素材」的「阿里巴巴
   與 40 大盜」資料夾

3. 點擊「money.png」

4. 點擊「開啟」

5. 點擊「縮小」按鈕

   調整角色至適當大小

6. 點擊執行區 -「money」角
   色（連續點擊即可縮小）

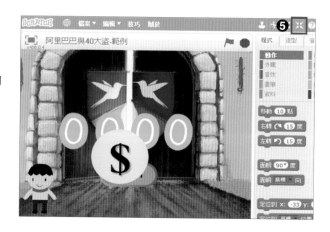

「stone」角色配置

1. 點擊角色區 -「從電腦中挑
   選角色」

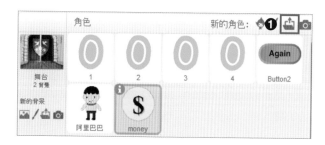

2. 打開「素材」的「阿里巴巴
　　與 40 大盜」資料夾

3. 點擊「stone.png」

4. 點擊「開啟」

5. 點擊「縮小」按鈕

✎ 調整角色至適當大小

6. 點擊執行區 -「money」角
　　色（連續點擊即可縮小）

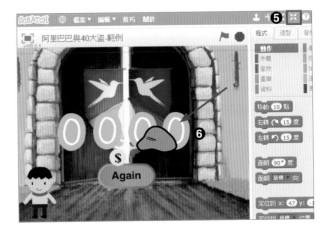

↺ 新增「1」、「2」、「3」、「4」、「回答」、「正確答案」、「score」變數

1. 點擊「資料」類別

2. 點擊「建立一個變數」

3. 分別輸入「1」、「2」、「3」、
　　「4」、「回答」、「正確答
　　案」、「score」

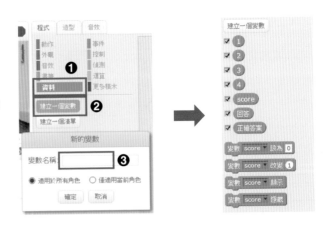

✎「1」-「4」分別儲存四個密碼數值；「回答」儲存輸入的密碼；「正確答案」變數儲
存遊戲隨機出題的密碼；「score」記錄第二關得分

↻ 遊戲初始化

1. 點擊「舞台」
2. 點擊「事件」類別→拖曳

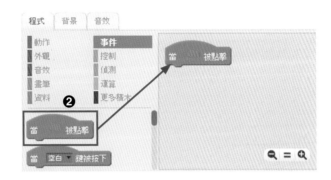

3. 點擊「資料」類別→拖曳

🔑 score 第二關才需要，因此第一關隱藏

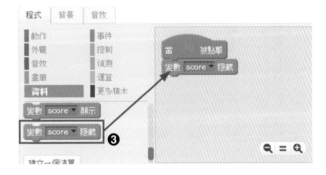

4. 拖曳
5. "score" 改為 " 回答 "
6. 刪除 "0"

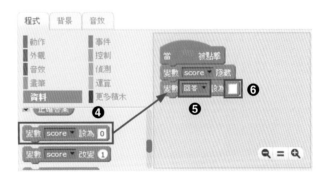

7. 拖曳

8. "score" 改為 " 正確答案 "

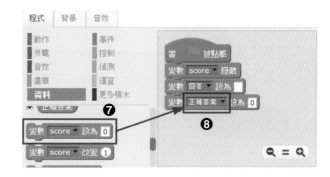

9. 點擊「運算」類別→拖曳

組合三個

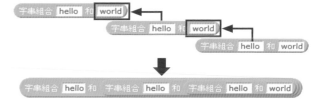

10. 點擊「資料」類別→拖曳

1 、 2 、 3 、 4

由左至右 1 → 2 → 3 → 4

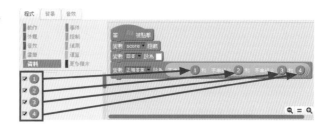

↻ 「舞台」程式 **-1**

接續角色「1」程式 -1

⟳ 顯示第一關角色並固定位置

1. 點擊角色「1」

2. 點擊「事件」類別→拖曳

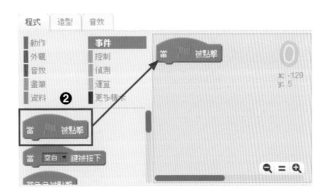

3. 點擊「外觀」類別→拖曳

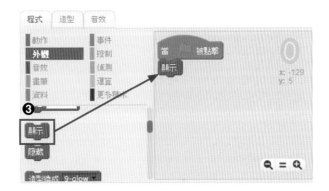

4. 點擊「動作」類別→拖曳

🔑 xy 會根據你放置位置而不同

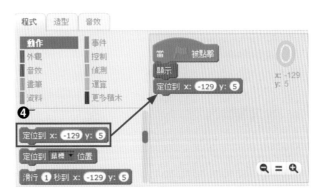

↺ 遊戲開始時，數字隨機切換，將目前數值存入變數「1」

1. 點擊「外觀」類別→點擊
造型換成 9-glow

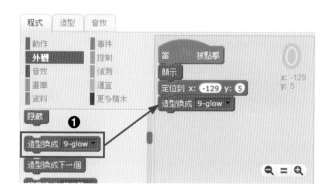

2. 點擊「運算」類別→點擊
隨機取數 1 到 10

✎ 取數的範圍多少，可以到造型查看造型編號，造型有 0-9 數字，編號依序為 1-10

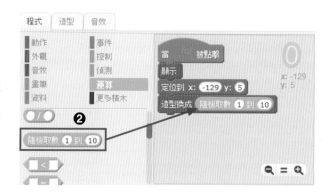

3. 點擊「資料」類別→拖曳
變數 score 設為 0

4. "score" 改為 "1"
變數 1 設為 0

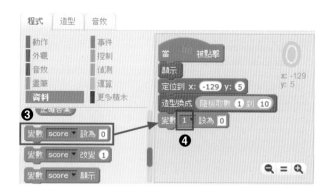

5. 點擊「運算」類別→拖曳

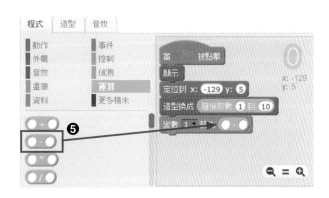

6. 點擊「外觀」類別→拖曳

7. 減後面填入 "1"

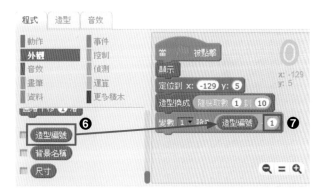

思考時間

問題 為何造型編號要 -1？

答案 點擊「造型」，可以看到每個造型左上角都有一個編號，"0" 造型編號為 1，以此類推。

↻ **停留 1 秒後換成 "0" 造型**

1. 點擊「控制」類別→拖曳

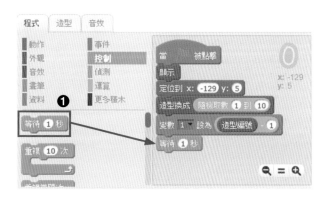

2. 點擊「外觀」類別→拖曳

3. "9-glow" 改成 "0-glow"

✎ 數字出現後記憶時間為 1 秒

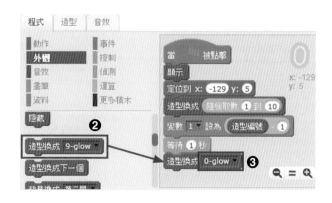

↻ 偵測光感測元件，變換造型

1. 點擊「控制」類別→拖曳

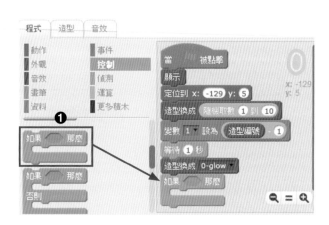

2. 點擊「運算」類別→拖曳

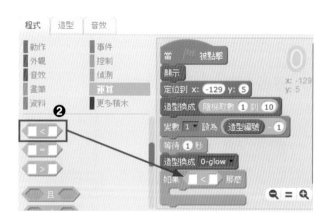

3. 點擊「更多積木」類別→
   拖曳 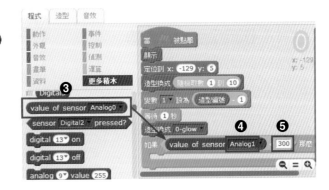 value of sensor Analog0

4. "Analog 0" 改為 "Analog 1"

5. 小於後面填入 "300"

──| 思考時間 |────────────────────────────

問題 為何選擇 Analog 0?

答案 Sensor Board 上的滑桿旁印有 A0，因此選擇 Analog 0 腳位。

──

6. 點擊「控制」類別→拖曳

 等待直到

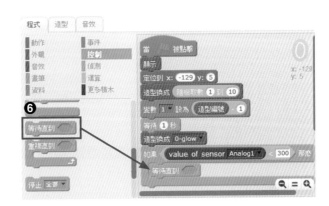

7. 點擊「運算」類別→拖曳

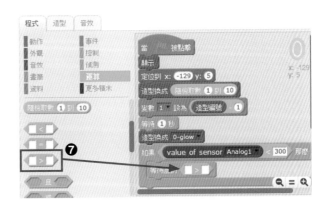

8. 點擊「更多積木」類別→
   拖曳

9. "Analog 0" 改為 "Analog 1"

10. 大於後面填入 "500"

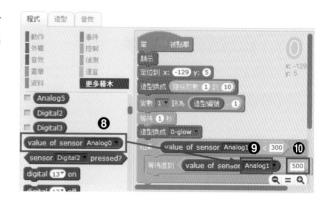

11. 點擊「外觀」類別→拖曳

   造型換成下一個

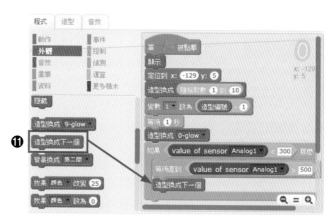

🔄 **按鈕感測器按下，記錄數值並通知角色「2」執行程式**

1. 點擊「控制」類別→拖曳

   重複直到

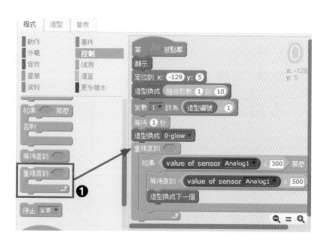

2. 點擊「更多積木」類別→
   拖曳 `sensor Digital2 pressed?`

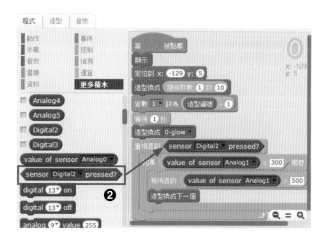

思考時間

問題 為何選擇 Digital 2?

答案 Sensor Board 上的按鈕旁印有 D2，因此選擇 Digital 2 腳位。

3. 點擊「資料」類別→拖曳

    變數 score 設為 0

4. "score" 改為 "1"

    變數 1 設為 0

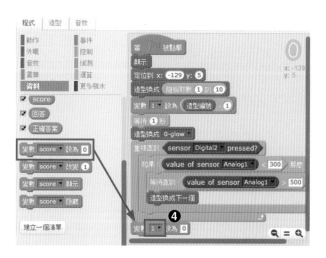

5. 點擊「運算」類別→拖曳

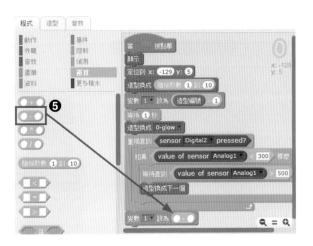

6. 點擊「外觀」類別→拖曳

造型編號

7. 減後面填入 "1"

造型編號 - 1

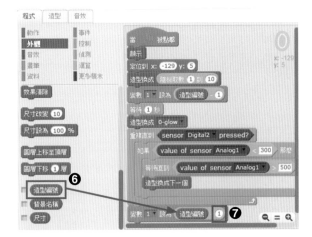

8. 點擊「控制」類別→拖曳

等待 1 秒

9. "1" 改為 "0.5"

等待 0.5 秒

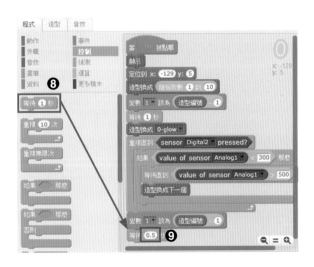

10. 點擊「事件」類別→拖曳

    廣播訊息 訊息 1 ▼

11. 點擊「訊息 1」旁倒三角形
    →選擇「新訊息」

12. 訊息名稱填入 "1-2"

13. 點擊「確定」

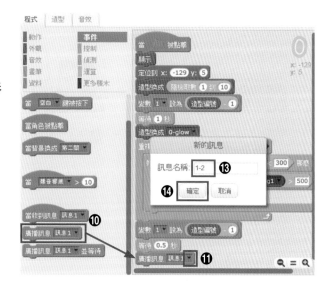

◑ 角色「1」程式 -1

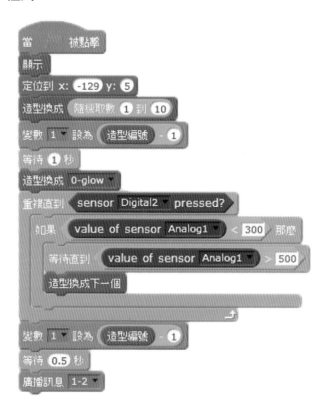

↺ 複製角色「1」的程式至角色「2」

1. 游標移至

2. 點擊滑鼠「右鍵」
3. 點擊「複製」
4. 移至角色區「2」的位置
5. 點擊一次，即可複製

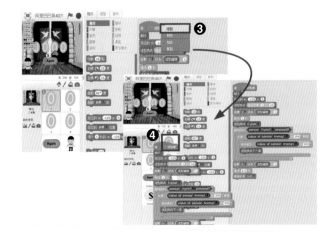

↺ 角色「2」遊戲開始時隨機切換，記憶時間 1 秒

1. 將程式分成兩部分

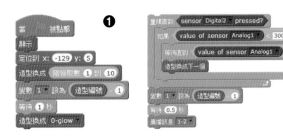

✎ 修改 定位到 x: -129 y: 5

2. 點擊 ℹ️
3. 根據 x 值來修改，y 值不變

問題 為什麼只修改 x 值呢？

答案 y 值固定 4 個數字位置才不會呈現起起伏伏的，而 x 值則是根據放置位置而有所不同，如下圖。

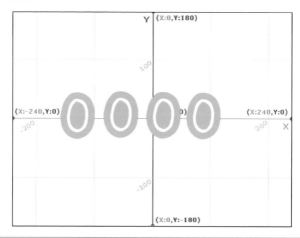

4. 變數 "1" 改為 "2"

🔑 現在為角色「2」，因此是儲存至變數 2

5. 點擊「外觀」類別→拖曳

🔑 角色「2」出現後，會由角色「1」開始輸入，所以隱藏

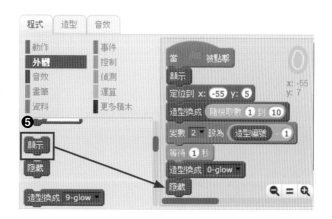

↻ 收到 1-2 訊息後進行偵測

1. 點擊「事件」類別→拖曳

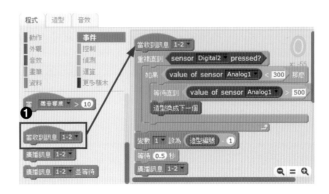

2. 點擊「外觀」類別→拖曳

3. 變數 "1" 改為 "2"

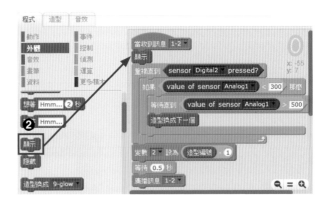

4. 點擊「訊息 1」旁倒三角形
   →選擇「新訊息」

5. 訊息名稱填入 "1-3"

6. 點擊「確定」

↻ 角色「2」程式 -1

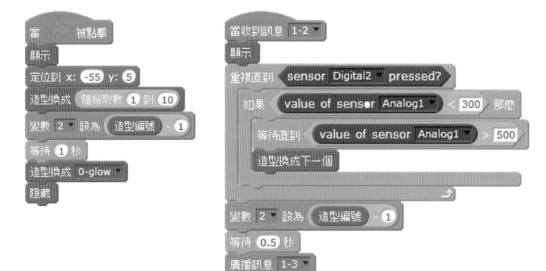

請你試著完成角色「3」、角色「4」的程式：

1. 複製程式

2. 修改 x 值，根據放置位置

3. 修改變數，根據對應的數字

4. 修改廣播訊息

✎ 角色「4」的廣播訊息請輸入 "Finish"，代表四組數字已輸入完畢（下頁有解答）

↺ 角色「3」程式 -1

當 被點擊
顯示
定位到 x: 18 y: 5
造型換成 隨機取數 1 到 10
變數 3 ▼ 設為 造型編號 - 1
等待 1 秒
造型換成 0-glow ▼
隱藏

當收到訊息 1-3 ▼
顯示
重複直到 sensor Digital2 ▼ pressed?
  如果 value of sensor Analog1 ▼ < 300 那麼
    等待直到 value of sensor Analog1 ▼ > 500
    造型換成下一個
變數 3 ▼ 設為 造型編號 - 1
等待 0.5 秒
廣播訊息 1-4 ▼

↺ 角色「4」程式 -1

當 被點擊
顯示
定位到 x: 87 y: 5
造型換成 隨機取數 1 到 10
變數 4 ▼ 設為 造型編號 - 1
等待 1 秒
造型換成 0-glow ▼
隱藏

當收到訊息 1-4 ▼
顯示
重複直到 sensor Digital2 ▼ pressed?
  如果 value of sensor Analog1 ▼ < 300 那麼
    等待直到 value of sensor Analog1 ▼ > 500
    造型換成下一個
變數 4 ▼ 設為 造型編號 - 1
等待 0.5 秒
廣播訊息 Finish ▼

接續角色「Again」程式

↻ 判斷輸入的密碼是否正確，正確進下一關；不正確 Again

1. 點擊「Again」角色

2. 點擊「事件」類別→拖曳

3. "1-2" 改成 "Finish"

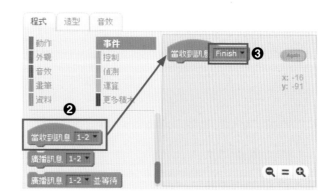

4. 點擊「資料」類別→拖曳

5. "score" 改為 " 回答 "

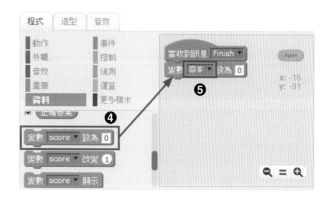

6. 點擊「運算」類別→拖曳

組合三個

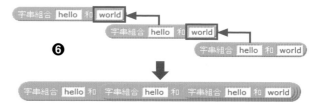

7. 點擊「資料」類別→拖曳

   由左至右 1 → 2 → 3 → 4

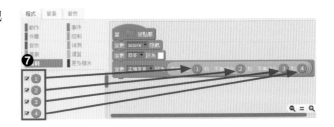

8. 點擊「控制」類別→拖曳

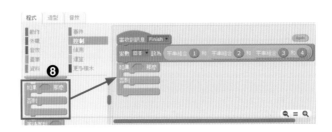

9. 點擊「運算」類別→拖曳

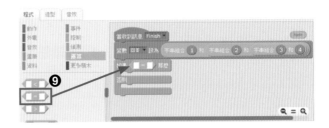

10. 點擊「資料」類別→拖曳

11. 拖曳 正確答案

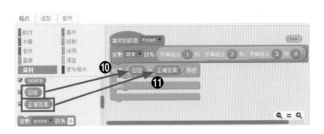

12. 點擊「事件」類別→拖曳

13. 訊息名稱填入 "Next"

14. 點擊「外觀」類別→拖曳

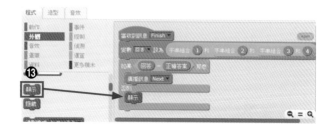

↻ 遊戲啟動隱藏

1. 點擊「事件」類別→拖曳

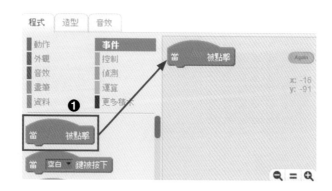

2. 點擊「外觀」類別→拖曳

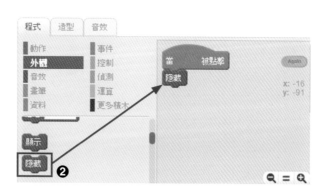

↺ 被點擊後隱藏，並通知遊戲重新開始

1. 點擊「事件」類別→拖曳

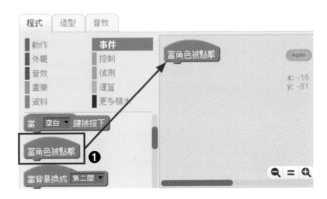

2. 點擊「事件」類別→拖曳

廣播訊息 1-2 ▼

3. 訊息名稱填入 "Again"

4. 點擊「外觀」類別→拖曳

隱藏

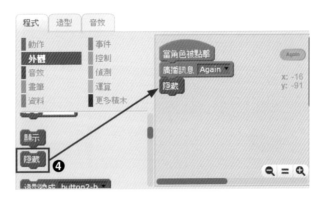

↺ 角色「**Again**」完整程式

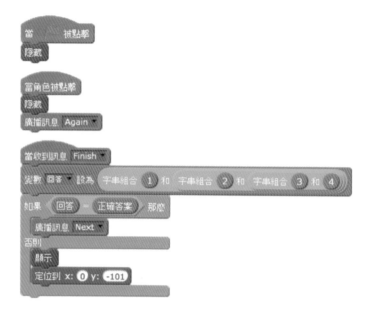

接續「舞台」程式 -2

↺ 當收到 **Again** 訊息時,「正確答案」變數儲存新密碼

1. 點擊「舞台」

2. 點擊「事件」類別→拖曳

3. "2-1" 改成 "Again"

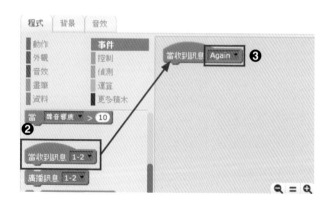

✎ 複製

4. 點擊滑鼠「右鍵」

5. 點擊「複製」

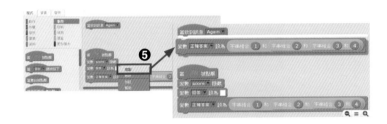

🕘 當收到 Next 訊息時，背景切換成第二關，並通知第二關即將開始

1. 點擊「事件」類別→拖曳

2. "2-1" 改為 "Next"

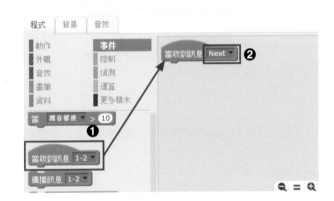

3. 點擊「控制」類別→拖曳

4. "10" 改為 "20"

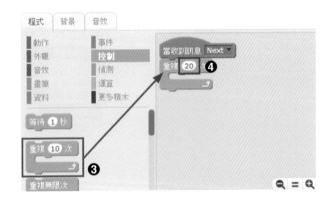

5. 點擊「外觀」類別→拖曳

效果 顏色 改變 25

6. " 顏色 " 改為 " 漩渦 "

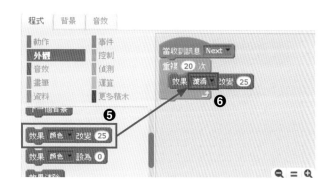

7. 拖曳 效果清除

8. 拖曳 背景換成 第二關

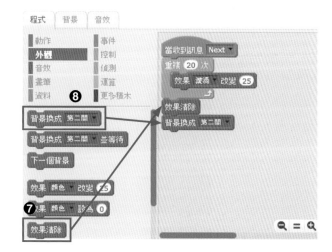

9. 點擊「事件」類別→拖曳

當收到訊息 1-2

10. 訊息名稱填入 "Second"

11. 點擊「資料」類別→拖曳

變數 score ▼ 顯示

12. 拖曳 變數 score ▼ 設為 0

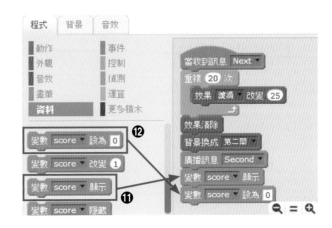

↻ 「舞台」完整程式

當 ⚑ 被點擊
變數 score ▼ 隱藏
變數 回答 ▼ 設為 ☐
變數 正確答案 ▼ 設為 字串組合 1 和 字串組合 2 和 字串組合 3 和 4

當收到訊息 Again ▼
變數 正確答案 ▼ 設為 字串組合 1 和 字串組合 2 和 字串組合 3 和 4

當收到訊息 Next ▼
重複 20 次
    效果 漩渦 ▼ 改變 25
效果清除
背景換成 第二間 ▼
廣播訊息 Second ▼
變數 score ▼ 顯示
變數 score ▼ 設為 0

接續角色「1」程式 -2

⟳ 當收到 Again 訊息時，角色「1」重新執行程式

1. 點擊角色「1」

2. 點擊「事件」類別→拖曳

3. "1-2" 改成 "Again"

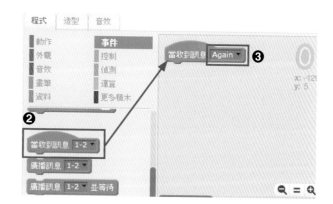

✎ 複製程式

4. 游標移至

5. 點擊滑鼠「右鍵」

6. 點擊「複製」

7. 放置於 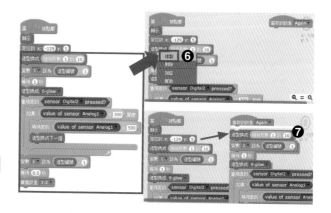 下面

⟳ 當收到 Next 訊息時，隱藏

1. 點擊「事件」類別→拖曳

2. "1-2" 改成 "Next"

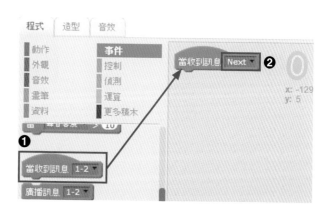

3. 點擊「外觀」類別→拖曳

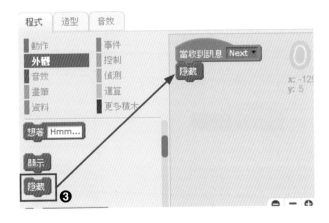

↺ 角色「1」完整程式

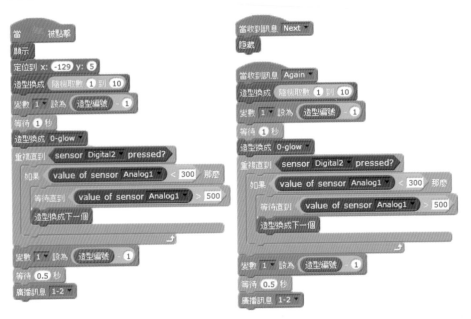

接續角色「2」程式 -2

↺ 當收到 Again 訊息時，角色「2」重新執行程式

1. 點擊角色「2」

2. 點擊「事件」類別→拖曳

3. "1-2" 改成 "Again"

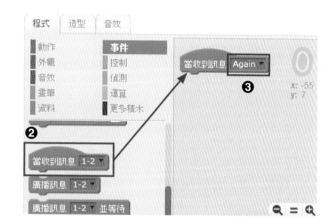

4. 游標移至

5. 點擊滑鼠「右鍵」

6. 點擊「複製」

7. 放置於 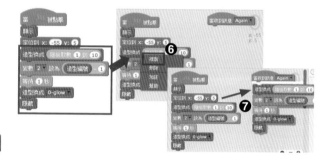 下面

↺ 當收到 Next 訊息時，隱藏

1. 點擊「事件」類別→拖曳

2. "2-1" 改成 "Next"

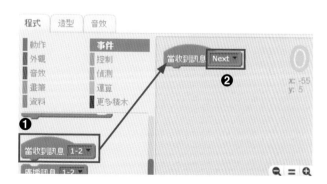

3. 點擊「外觀」類別→拖曳

隱藏

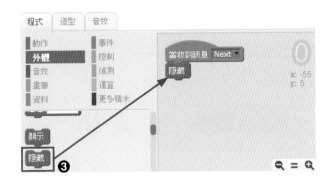

✎ 角色「3」、「4」動作都相同，
請你試試看（下段有解答）

↺ 角色「2」完整程式

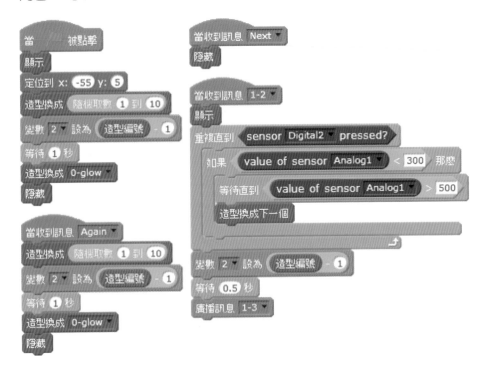

角色「3」完整程式

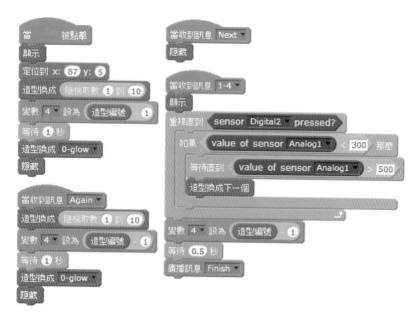

角色「4」完整程式

接續角色「阿里巴巴」程式

↺ 遊戲啟動時，隱藏

1. 點擊角色區 -「阿里巴巴」
2. 點擊「事件」類別→拖曳

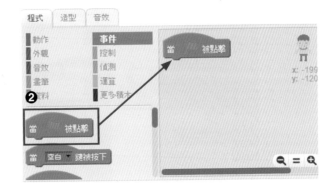

3. 點擊「外觀」類別→拖曳

🔑 阿里巴巴是在第二關才會出現，
因此第一關要隱藏

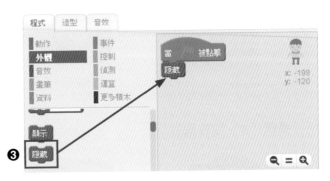

↺ 第二關開始，顯示阿里巴巴

1. 點擊「事件」類別→拖曳

2.　點擊「動作」類別→拖曳

3.　x 填入 "0"

🔑 x:0 代表置中，y 會根據你放置的位置而有所不同

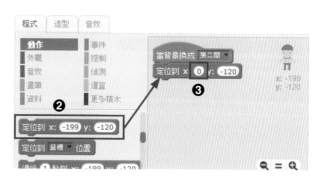

4.　點擊「外觀」類別→拖曳

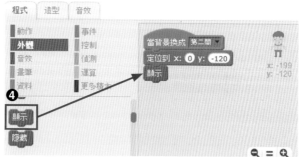

🔄 第二關時，偵測滑桿數值移動阿里巴巴

1.　點擊「控制」類別→拖曳

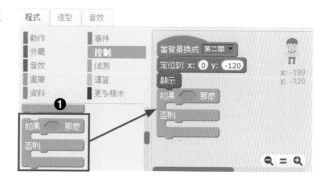

2.　點擊「運算」類別→點擊

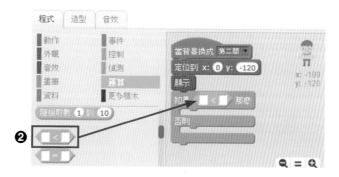

3. 點擊「更多積木」類別→
   拖曳 (value of sensor Analog0▼)

4. 小於後面填入 "512"

🔑 滑桿數值範圍 0~1023 取中間值

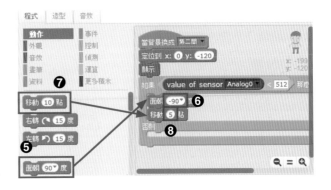

5. 點擊「動作」類別→拖曳
   面朝 90▼ 度

6. "90" 改為 "-90"

7. 拖曳 移動 10 點

8. "10" 改為 "5"

🔑 數值越小，速度越慢；反
之，數值越大，速度越快

9. 拖曳 面朝 90▼ 度

10. 拖曳 移動 10 點

11. "10" 改為 "5"

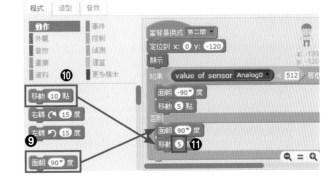

⟳ 如果分數達標準值即過關

1. 點擊「控制」類別→拖曳

重複直到

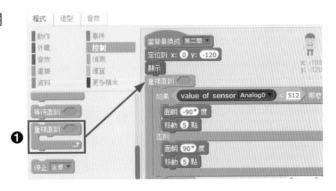

2. 點擊「運算」類別→拖曳

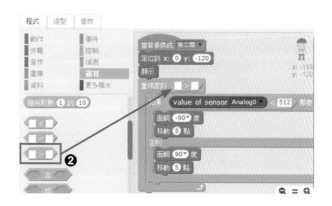

3. 點擊「資料」類別→拖曳

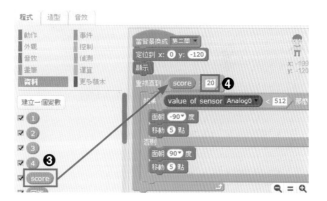

4. 大於後面填入 "20"

🔧 分數達 20 分後即跳出程式循環

5. 點擊「控制」類別→拖曳

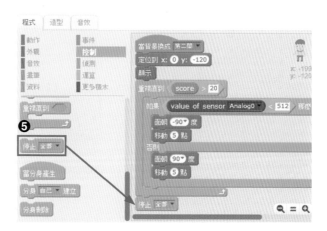

↻ 角色「阿里巴巴」完整程式

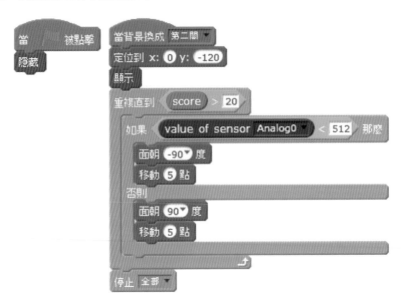

接續角色「money」程式

↻ **遊戲啟動時，隱藏**

1. 點擊角色區 -「money」

2. 點擊「事件」類別→拖曳

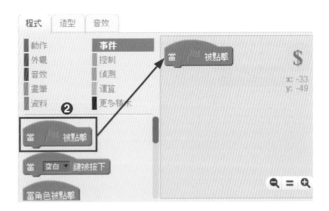

3. 點擊「外觀」類別→拖曳

🔑 money 是在第二關才會出現，
因此第一關要隱藏

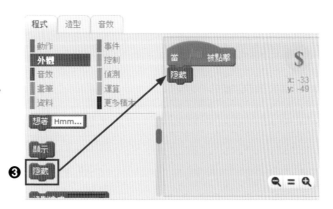

↻ 當收到 Second 訊息開始產生分身

1. 點擊「事件」類別→拖曳

2. "1-2" 改為 "Second"

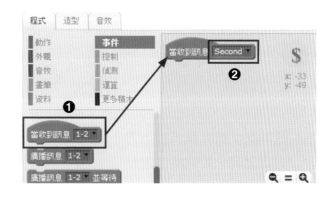

3. 點擊「控制」類別→拖曳

4. 拖曳 等待 1 秒

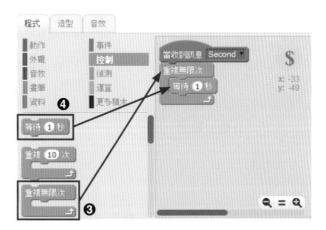

5. 點擊「運算」類別→拖曳

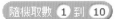

6. "10" 改為 "4"

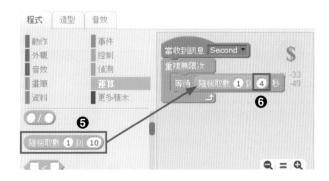

7. 點擊「控制」類別→拖曳

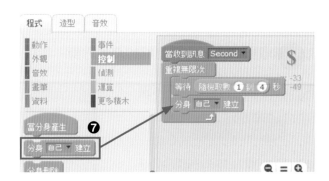

↺ 分身產生時從執行區上方隨機出現，並持續往下移動

1. 點擊「控制」類別→拖曳

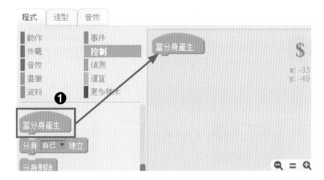

2. 點擊「外觀」類別→拖曳

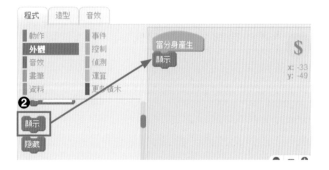

✎ 將執行區 -「money」角色放置於上方中間位置

3. 點擊「動作」類別→拖曳

定位到 x: -6 y: 156

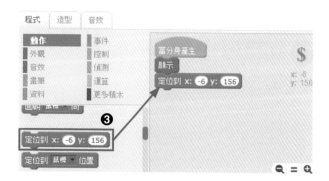

✎ xy 值會根據你放置的位置做改變

4. 點擊「運算」類別→拖曳

隨機取數 1 到 10

5. "1 到 10" 改為 "-217 到 216"

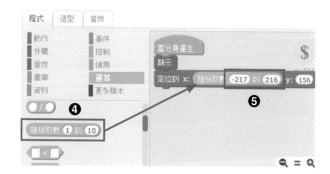

思考時間

問題 為何隨機取數的範圍是 -217 到 216？

答案 數值是可變動的，位置在執行區上方且不碰到邊緣為主。

 查看角色 xy 值

請移動執行區 - 角色，放置於執行區某地方，點擊「動作」類別，查看 定位到 x: 0 y: 0 。

6. 點擊「控制」類別→拖曳

重複無限次

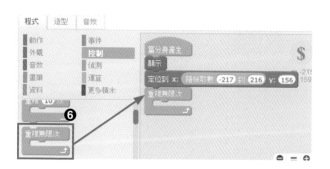

7. 點擊「動作」類別→拖曳

8. "10" 改為 "-5"

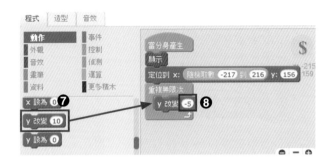

↻ 如果碰到邊緣就消失

1. 點擊「控制」類別→拖曳

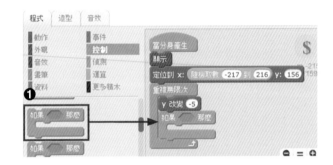

2. 點擊「偵測」類別→拖曳

3. "鼠標" 改為 "邊緣"

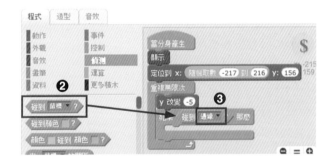

4. 點擊「控制」類別→拖曳

   分身刪除

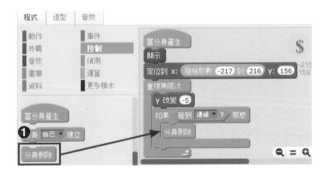

⟳ 如果碰到阿里巴巴，分數加 **2** 分並消失

1. 點擊「控制」類別→拖曳

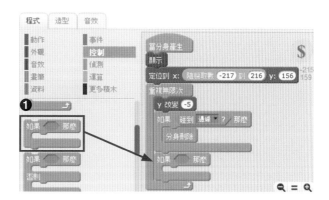

2. 點擊「偵測」類別→拖曳

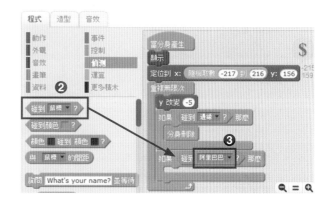

3. "鼠標" 改為 "阿里巴巴"

4. 點擊「資料」類別→拖曳

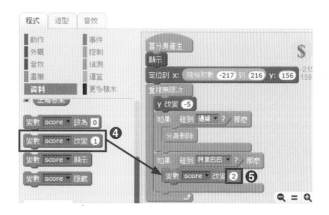

5. "1" 改為 "2"

6. 點擊「控制」類別→拖曳

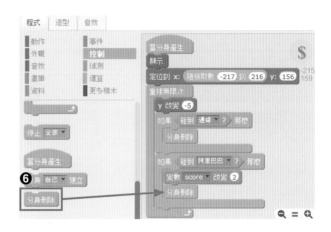

○ 角色「money」完整程式

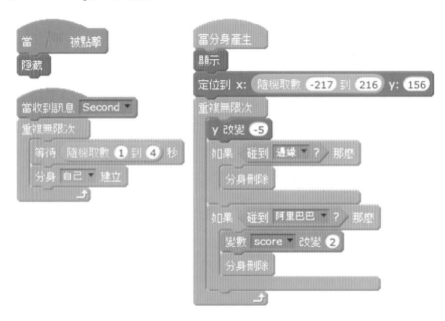

接續角色「stone」程式

↻ 遊戲啟動時，隱藏

1. 點擊角色「stone」
2. 點擊「事件」類別→拖曳

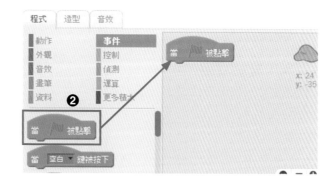

3. 點擊「外觀」類別→拖曳

✎ money 是在第二關才會出現，因此第一關要隱藏

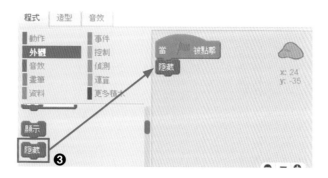

↻ 當收到 Second 訊息開始產生分身

1. 點擊「事件」類別→拖曳

2. "1-2" 改為 "Second"

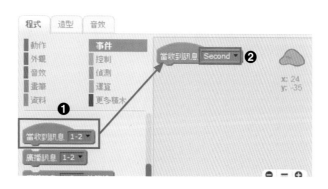

3. 點擊「控制」類別→拖曳

4. 拖曳 等待 1 秒

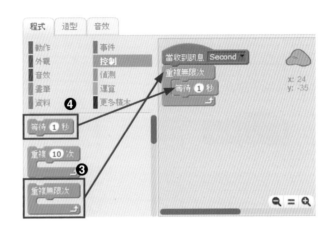

5. 點擊「運算」類別→拖曳

隨機取數 1 到 10

6. "1 到 10 " 改為 "5 到 7"

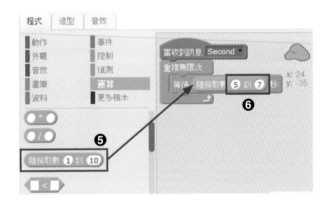

7. 點擊「控制」類別→拖曳

分身 自己 ▼ 建立

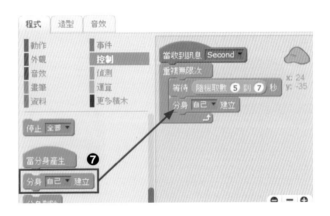

↻ **分身產生時從執行區上方隨機出現，並持續往下移動**

1. 點擊「控制」類別→拖曳

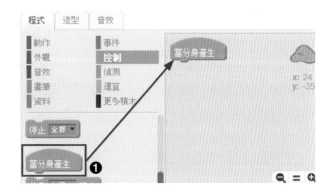

2. 點擊「外觀」類別→拖曳

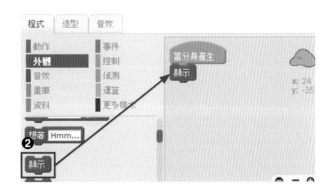

將執行區-「stone」角色放置於上方中間位置

3. 點擊「動作」類別→拖曳

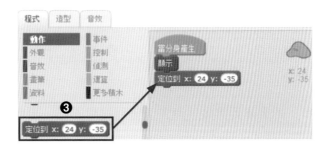

🗝 xy 值會根據你放置的位置做改變

4. 點擊「運算」類別→拖曳

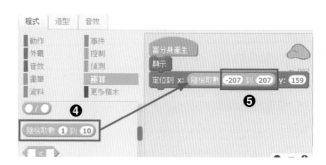

5. "1 到 10" 改為 "-207 到 207"

6. 點擊「控制」類別→拖曳

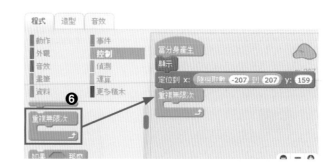

7. 點擊「動作」類別→拖曳

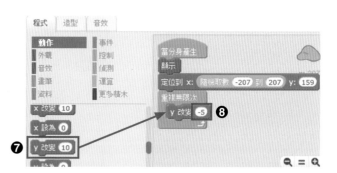

8. "10" 改為 "-5"

↻ 如果碰到邊緣就消失；碰到阿里巴巴，分數扣 5 分並消失

1. 點擊「控制」類別→拖曳

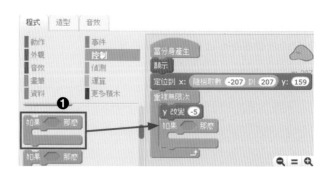

2. 點擊「偵測」類別→拖曳

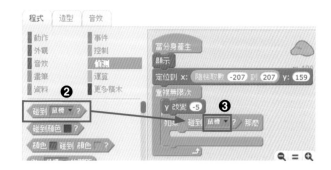

3. " 鼠標 " 改為 " 邊緣 "

4. 點擊「控制」類別→拖曳

5. 點擊「控制」類別→拖曳

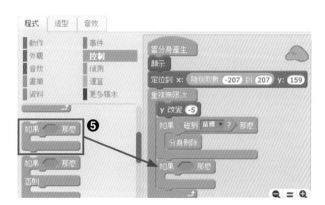

6. 點擊「偵測」類別→拖曳

7. " 鼠標 " 改為 " 阿里巴巴 "

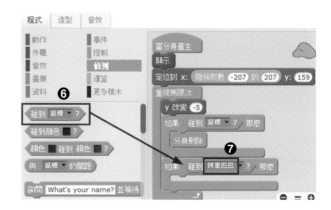

8. 點擊「資料」類別→拖曳

9. "1" 改為 "-5"

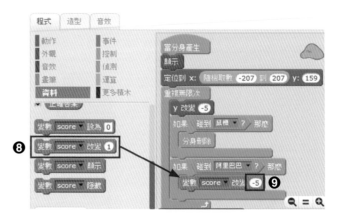

10. 點擊「控制」類別→拖曳

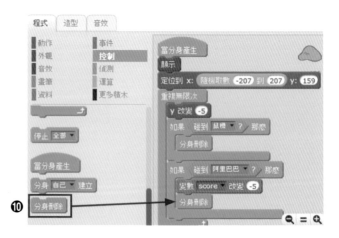

↺ 角色「stone」完整程式

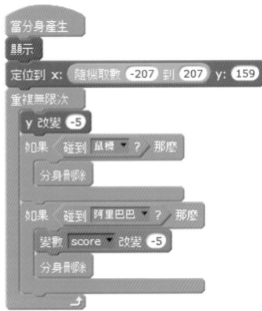

課程回顧

第一關 - 利用光感測元件輸入數字並結合按鈕來切換
第二關 - 利用滑桿來控制阿里巴巴來吃到金幣得到分數
S4A Sensor Board 所提供的感測器並不只這兩個，請想想看感測器和遊戲之間可以怎麼結合呢？

MEMO

A

插入 S4A+Arduino UNO 套件，系統顯示 無法辨識裝置

1. 打開瀏覽器，搜尋「Arduino IDE」

2. 搜尋後，點擊「Arduino - Software」

3. 網頁往下滑，看到「Download the Arduino IDE」，點擊「Windows ZIP file for non admin install」

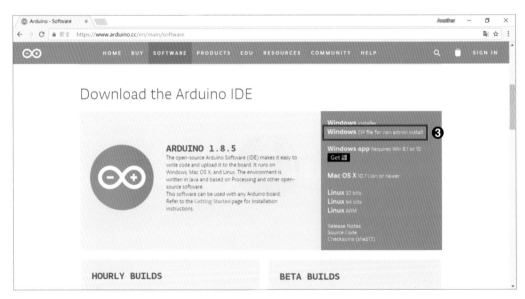

4. 點擊「JUST DOWNLOAD」，網頁左下角即會出現檔案下載中

5. 點擊「向下箭頭」

6. 點擊「在資料夾顯示」，打開檔案所在的資料夾

🔑 如不小心關掉下載欄，網頁預設會下載到電腦的「下載」資料夾

7. 點擊「arduino-1.8.5」壓縮檔

8. 點擊「滑鼠右鍵」

9. 點擊「7-zip」

10. 點擊「解壓縮至此」

11. 點擊「arduino-1.8.5」資料夾

12. 點擊「滑鼠右鍵」

13. 點擊「內容」

14. 反白「位置資訊」

15. 點擊「滑鼠右鍵」

16. 點擊「複製」

17. 點擊「」按鈕

18. 打開「控制台」

19. 搜尋「裝置管理員」

20. 點擊「裝置管理員」

21. 點擊其他裝置 -「無
    法辨識的裝置」右鍵
    （如不知是哪個，可
    將線拔掉重插）

22. 點擊「更新驅動程式
    軟體」

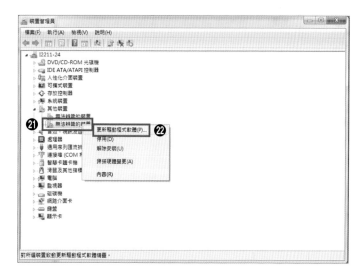

23. 點擊「瀏覽電腦上的
　　驅動程式軟體」

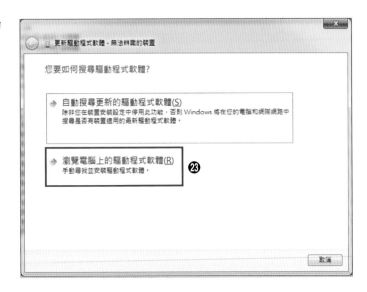

24. 在路徑貼上驅動程式
　　資料夾位置反白「路
　　徑」，點擊右鍵
25. 點擊「貼上」
26. 點擊「下一步」

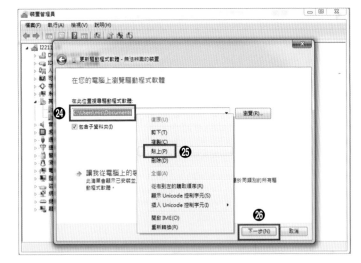

27. 點擊「安裝」

28. 點擊「關閉」

29. 完成

✎ COM（序列埠）後面的數字不一定會一樣

MEMO

B

Adventure

Zip 壓縮檔安裝
操作說明

1. 打開瀏覽器，搜尋「zip」

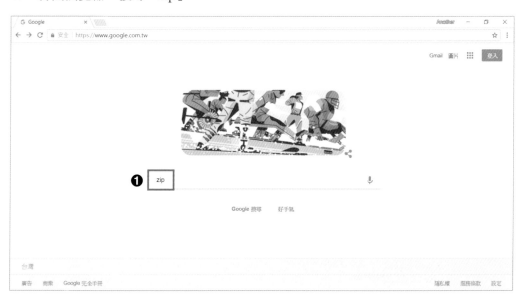

2. 點擊「7-Zip 繁體中文官方網站」

3. 根據版本，點擊「下載」(檔案會在左下角進行下載)

4. 點擊「向下箭頭」

5. 點擊「在資料夾顯示」，打開檔案所在的資料夾

✎ 如不小心關掉下載欄，網頁預設會下載到電腦的「下載」資料夾

6. 點擊兩下執行
「7z1801-x64.exe」

7. 點擊「是」

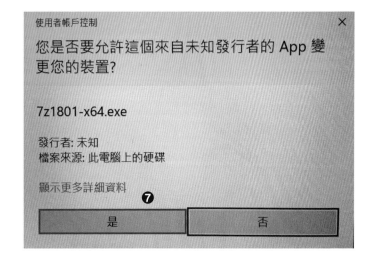

8. 點擊「Install」安裝

9. 安裝完成，點擊「Close」關閉

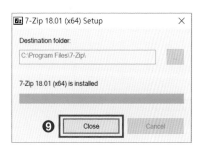

MEMO

讀者回函

讀者回函

感謝您購買本公司出版的書，您的意見對我們非常重要！由於您寶貴的建議，我們才得以不斷地推陳出新，繼續出版更實用、精緻的圖書。因此，請填妥下列資料(也可直接貼上名片)，寄回本公司(免貼郵票)，您將不定期收到最新的圖書資料！

購買書號：＿＿＿＿＿＿　書名：＿＿＿＿＿＿

姓　　名：＿＿＿＿＿＿＿＿＿＿＿＿＿＿＿＿＿＿＿＿

職　　業：□上班族　　□教師　　□學生　　□工程師　　□其它

學　　歷：□研究所　　□大學　　□專科　　□高中職　　□其它

年　　齡：□10~20　□20~30　□30~40　□40~50　□50~

單　　位：＿＿＿＿＿＿＿＿＿＿部門科系：＿＿＿＿＿＿＿

職　　稱：＿＿＿＿＿＿＿＿＿＿聯絡電話：＿＿＿＿＿＿＿

電子郵件：＿＿＿＿＿＿＿＿＿＿＿＿＿＿＿＿＿＿＿＿＿

通訊住址：□□□ ＿＿＿＿＿＿＿＿＿＿＿＿＿＿＿＿＿

＿＿＿＿＿＿＿＿＿＿＿＿＿＿＿＿＿＿＿＿＿＿＿＿＿＿

您從何處購買此書：

□書局 ＿＿＿＿　□電腦店 ＿＿＿＿　□展覽 ＿＿＿＿　□其他 ＿＿＿＿

您覺得本書的品質：

內容方面：　□很好　　　□好　　　　□尚可　　　□差

排版方面：　□很好　　　□好　　　　□尚可　　　□差

印刷方面：　□很好　　　□好　　　　□尚可　　　□差

紙張方面：　□很好　　　□好　　　　□尚可　　　□差

您最喜歡本書的地方：＿＿＿＿＿＿＿＿＿＿＿＿＿＿＿＿＿

您最不喜歡本書的地方：＿＿＿＿＿＿＿＿＿＿＿＿＿＿＿＿

假如請您對本書評分，您會給(0~100分)：＿＿＿＿＿ 分

您最希望我們出版那些電腦書籍：

請將您對本書的意見告訴我們：

您有寫作的點子嗎？□無　□有　專長領域：＿＿＿＿＿

博碩文化網站　　http://www.drmaster.com.tw

GIVE US A PIECE OF YOUR MIND

歡迎您加入博碩文化的行列哦！

請沿虛線剪下寄回本公司

Give Us a Piece Of Your Mind

廣　告　回　函
台灣北區郵政管理局登記證
北 台 字 第 4 6 4 7 號
印 刷 品 · 免 貼 郵 票

221

博碩文化股份有限公司　產品部

台灣新北市汐止區新台五路一段 112 號 10 樓 A 棟

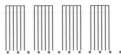

DrMaster •

深度學習資訊新領域

http://www.drmaster.com.tw

博碩文化

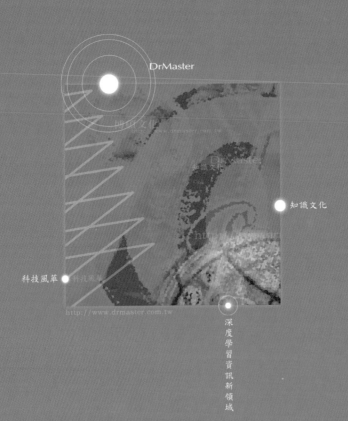

DrMaster

知識文化

科技風革

深度學習資訊新領域

http://www.drmaster.com.tw